深切峡谷斜坡
地震动响应研究

王运生 刘 勇 罗永红 赵 波 著

科学出版社

北 京

内 容 简 介

本书主要内容包括川西 Y 形构造发震环境、地震作用下斜坡地震动监测研究、斜坡地震动响应监测、汶川地震典型斜坡失稳案例分析及斜坡地震动响应规律分析等，是以青川县城，泸定县冷竹关、摩岗岭，石棉县城，绵竹市九龙及芦山县仁加等剖面的长期和短期地震动监测结果为依据，结合发震背景综合分析地震放大效应影响特征等的学术论著。

本书可作为高等院校地质专业的师生及相关从业人员的学习参考用书，也可供对地质学感兴趣的人士阅读。

图书在版编目(CIP)数据

深切峡谷斜坡地震动响应研究 / 王运生等著. —北京：科学出版社，2018.11
ISBN 978-7-03-057301-8

Ⅰ. ①深… Ⅱ. ①王… Ⅲ. ①峡谷－斜坡－地震反应分析 Ⅳ. ①P694

中国版本图书馆 CIP 数据核字 (2018) 第 086099 号

责任编辑：任加林 / 责任校对：王万红
责任印制：吕春珉 / 封面设计：东方人华

科学出版社 出版
北京东黄城根北街 16 号
邮政编码：100717
http://www.sciencep.com

三河市骏杰印刷有限公司 印刷
科学出版社发行　各地新华书店经销

*

2018 年 11 月第 一 版　　开本：B5（720×1000）
2018 年 11 月第一次印刷　　印张：14
字数：265 000

定价：98.00 元
（如有印装质量问题，我社负责调换〈骏杰〉）
销售部电话 010-62136230　编辑部电话 010-62139281（HA08）

版权所有，侵权必究
举报电话：010-64030229；010-64034315；13501151303

序

强震触发的次生山地灾害往往在深切峡谷区造成巨大的生命和财产损失，特别是高位的大型滑坡与崩塌对交通的毁坏可使灾区瞬间成为孤岛，甚至导致整个村庄被掩埋，如汶川地震东河口滑坡。震裂山体的次生灾害链效应对地震灾害区的影响更为深远，可达数十年。震后统计揭示，地震触发的次生山地灾害往往集中在一些特殊的地形部位，如突出山嘴、斜坡坡折、单薄山梁或孤立山顶，这究竟是由于岩体自身脆弱还是由于地震中这些部位因地形效应将地震波放大，以前对这些问题国内外没有系统的监测资料进行检验。2009年，中国地质调查局委托成都理工大学地质灾害防治与地质环境保护国家重点实验室承担斜坡地震动响应这一课题，此后课题组在国家自然科学基金的资助下，坚持长期监测，获取了较为系统的监测数据。课题组通过对青川县城剖面，泸定县冷竹关剖面、摩岗岭剖面，石棉县城剖面4个固定剖面的长期监测，以及对绵竹市九龙剖面、芦山县仁加剖面等的短期监测，获取了300余组宝贵数据。《深切峡谷斜坡地震动响应研究》根据这些宝贵的数据，从川西北地区发震背景、监测剖面选择、数据获取与综合分析，较为客观地揭示了地形放大效应、不同介质放大效应、背坡放大效应及不同深度斜坡加速度变化规律，并在此基础上，根据地形放大效应对汶川地震部分抛射型滑坡的形成机理及过程进行探讨，为斜坡地震防护规范的进一步完善奠定了坚实的基础。

这些监测剖面在边坡结构中具有代表性，有较为均质的花岗岩、闪长岩斜坡（泸定县冷竹关剖面）、均一性较差的变质岩斜坡（青川县城剖面）、沉积岩斜坡（绵竹市九龙剖面、芦山县仁加剖面）。监测结果揭示，斜坡地震动放大系数主要受三大因素制约，即斜坡微地貌、相对高程及介质特征。此外，其还受传播方向与坡面倾向、震中距等因素影响。

监测结果显示，对于直线型岩质斜坡，随着坡高的增加，相对于谷底，放大倍数一般为1.5~1.7倍，叠加背坡效应后，可达2.5~3倍；

相对于山嘴，一般放大 2 倍；相对于半岛状山嘴，放大系数可达 5～7 倍。另外，对深厚覆盖层及深平硐的监测也取得了初步进展，前者监测显示，深厚覆盖层对地震波也有明显放大作用，可达谷底基岩的两倍左右；坡表向洞内地震减速度呈衰减趋势，到深度 50～100m 后衰减幅度可达 40%。

总之，该书是作者长期从事斜坡地震动监测的结晶，触及学科前沿，具有鲜明的特色，兼理论与实例分析为一体，研究成果为西部高烈度深切峡谷区不同部位工程边坡及高位环境边坡防护提供了科学依据，值得地学工作者和工程设计人员设计时参考。

国际滑坡协会主席

2017 年 12 月 31 日

前　言

深切峡谷高位斜坡强震条件下失稳造成的危害巨大，已引起世界各国广泛的关注，随着西部大开发的深入及"一带一路"建设，斜坡如何有效抗震设防是工程界面临的技术难题，问题的关键是斜坡抗震设计时是否考虑斜坡不同高程的地震动放大效应？这方面由于过去实测资料很少，存在较大争议。因此，强震区斜坡地震动监测及地震动规律的总结是一项紧迫的基础性工作。项目课题组针对这一问题，从2009年开始在川西北强震区开展长期监测工作，本书即是在9年的监测成果基础上总结而成的。课题组在研究过程中得到了中国地质调查局地质调查工作项目"川西深切河谷斜坡地震动评价技术研究"和"西南重大地质灾害预警区划"、国家自然科学基金项目"深切河谷强震作用下斜坡地震动响应"和创新研究群体科学基金项目"西部地区重大地质灾害潜在隐患早期识别与监测预警"等的资助。项目实施过程中得到了中国地质调查局殷跃平总工程师，成都理工大学黄润秋教授、许强教授、李渝生教授、巨能攀教授，中国地质环境监测院张作辰处长、张永双研究员，长安大学彭建兵教授、李同录教授，中国科学院伍法权教授、祁生文教授，日本京都大学王功辉教授，中国地质大学胡新丽教授，同济大学石振明教授，荷兰 Niek Rengers 教授、Theo van Asch 教授，意大利 Janusz Wasowski 教授、Vincenzo Del Gaudio 教授，新西兰 Mauri McSaveney 教授等的鼎力支持，在此表示衷心的感谢。

本书主要是对斜坡表层地震动监测、资料分析及模拟分析的地震动响应规律的总结，重要的发现有斜坡地震动放大系数主要受三大因素制约，即斜坡微地貌、相对高程及介质特征。此外，其还受传播方向与坡面倾向、震中距等因素影响。这些规律的总结有助于斜坡稳定性的动力分析及工程支护地震动参数取值。

本书第1章、第2章和第7章由王运生执笔，第3章、第4章和第6章由刘勇执笔，第5章由赵波执笔。罗永红参与了书中成果总结及数值模拟辅导工作。全书由王运生统稿。

参与监测及室内综合分析工作的还有2009年以来的硕、博研究生：吴俊峰、王晓欣、胡芹龙、江岳安、魏鹏、韩丽芳、李月美、徐鸿彪、王福海、罗奇龙、孙刚、邓茜、王巧、智晶子、王东、苟富刚、马潇、李顺、蒋发森、陈云、韩元东、孙晨浩、唐啸宇、王登攀、姚进、储飞、李蔷、韩蓓、张雄、余相贵、申通、张磊、刘哲、曹水合、李欣泽、曹文正、陈磊鑫、何源、高原、武运泊、贺建先、毛硕、顾金、马保罡、黄建龙、雷清雄、梁瑞峰、杨敏、杨栓成、古德章、陈明、赫子皓、韩立明、张金达、严松、黎佳、李翔、辛聪聪、谢黎黎和王荐霖等，刘宇对本书部分图件进行了清绘，在此对他们的辛勤、认真地工作表示感谢。

2017年12月15日

目 录

第1章 绪论 ... 1

第2章 川西Y形构造发震环境 ... 10

2.1 川西Y形构造 ... 10
2.1.1 川滇断块 ... 11
2.1.2 川西北三角形断块 ... 13
2.1.3 川中断块 ... 14

2.2 川西Y形构造地震活动 ... 14

2.3 汶川地震发震机制分析 ... 15
2.3.1 概述 ... 15
2.3.2 岷山隆起带及其边界厘定 ... 17
2.3.3 川西北历史地震序列 ... 22
2.3.4 岷山断块南缘活动与汶川地震 ... 23
2.3.5 汶川地震宏观震中 ... 25
2.3.6 小结 ... 28

第3章 地震作用下斜坡地震动监测研究 ... 29

3.1 斜坡地震动监测研究的启动 ... 29

3.2 斜坡地震动监测点分布 ... 29

3.3 斜坡地震动监测剖面概况 ... 31
3.3.1 青川县东山—狮子梁监测斜坡 ... 31
3.3.2 青川县桅杆梁监测剖面 ... 36
3.3.3 绵竹市九龙镇山前监测斜坡 ... 37
3.3.4 芦山县仁加村电站进水口监测剖面 ... 40
3.3.5 泸定县冷竹关监测斜坡 ... 45
3.3.6 泸定县磨西镇摩岗岭监测斜坡 ... 55
3.3.7 石棉县南桠河两岸监测斜坡 ... 57

3.4 监测仪器简介 ... 59

3.5 监测数据特征 ... 60

3.6 小结 ... 61

第4章 斜坡地震动响应监测 ··· 63

4.1 斜坡地震动振幅放大效应特征分析 ·· 63
4.1.1 青川县东山—狮子梁监测斜坡加速度放大效应特征分析 ······················· 63
4.1.2 青川县桤杆梁监测斜坡加速度放大效应特征 ······································ 77
4.1.3 芦山县仁加村监测斜坡加速度放大效应特征 ······································ 86
4.1.4 泸定县冷竹关监测斜坡加速度放大效应特征 ······································ 97
4.1.5 泸定县磨西镇摩岗岭监测斜坡加速度放大效应特征 ····························· 110

4.2 地震动反应谱及持时效应分析 ··· 112
4.2.1 反应谱计算公式 ·· 113
4.2.2 反应谱的标准化 ·· 114
4.2.3 地震持时 ··· 115
4.2.4 监测数据常规处理要求 ··· 115
4.2.5 芦山县仁加监测数据分析 ·· 115
4.2.6 泸定县冷竹关监测数据分析 ··· 120

4.3 地震动幅值放大效应分析 ··· 132
4.3.1 斜坡地震动响应放大效应与坡高的关系 ·· 133
4.3.2 斜坡地震动响应放大效应与地形地貌的关系 ·· 138
4.3.3 斜坡地震动响应放大效应与地层岩性的关系 ·· 142
4.3.4 斜坡地震动响应放大效应与震中距的关系 ··· 146
4.3.5 斜坡地震动响应放大效应与震中方位的关系 ·· 147

4.4 地震动谱比放大效应分析 ··· 150
4.5 地震动方向指向效应分析 ··· 155
4.6 小结 ·· 163

第5章 汶川地震典型斜坡失稳案例分析 ··· 164

5.1 概述 ·· 164
5.2 汶川地震抛射型滑坡发育特征 ··· 164
5.2.1 抛射型滑坡的概念 ··· 164
5.2.2 抛射型滑坡的形成条件 ··· 168

5.3 抛射型滑坡的成因机制与运动模式特征 ··· 172
5.3.1 抛射型滑坡的成因机制 ··· 172
5.3.2 抛射型滑坡的运动模式特征 ··· 173

5.4 抛射型滑坡的抛射运动程式研究 ·· 175
5.4.1 基础运动程式 ··· 175
5.4.2 不同类型抛射型滑坡的判别 ··· 176

  5.4.3　算例分析 ·· 177

 5.5　小结 ··· 178

第 6 章　斜坡地震动响应规律分析 ··· 180

 6.1　地形放大效应 ··· 180

  6.1.1　近直线型斜坡放大效应 ··· 180

  6.1.2　河谷坡折段地形放大效应 ·· 180

  6.1.3　单薄山脊地形放大效应 ··· 181

  6.1.4　"丁"字形山脊地形放大效应 ··· 181

  6.1.5　山坳地形放大效应 ·· 182

  6.1.6　"半岛状"山脊放大效应 ··· 182

 6.2　不同介质放大效应 ··· 183

  6.2.1　不同波阻抗比岩体介质斜坡地震动响应特征 ··· 183

  6.2.2　不同介质覆盖层斜坡放大效应 ··· 187

 6.3　背坡放大效应 ··· 192

 6.4　坡体水平不同深度放大规律 ··· 192

  6.4.1　地震动振幅和持时效应特征分析 ··· 195

  6.4.2　频谱特征分析 ·· 198

  6.4.3　地震动谱比分析 ·· 201

 6.5　小结 ··· 204

第 7 章　结语 ··· 206

主要参考文献 ··· 208

第1章 绪 论

2008年"5·12"汶川大地震山地灾害破坏程度超出所有人的意料,致亡、致伤人数均占汶川大地震伤亡总人数的1/3以上。震后的大量调查揭示,同一个烈度区不同地形部位破坏程度差异很大,高位且地形突出的斜坡破坏最为严重。这种差异是由破坏部位岩体破碎高所致还是与破坏处地震地面峰值加速度的明显放大有关?当时尚缺乏系统实测数据。

目前地震动峰值加速度图的编制依据是地震烈度和地震动参数,而地震烈度的确立主要是根据有文字记载以来的地震资料及断裂活动潜能加以判定,对于那些间隔达数千年的发震构造发生的地震,如汶川8.0级特大地震会在地震平静期表现出相对稳定的假象,从而导致基本烈度区划的低估。震后龙门山地区灾后重建已基本完成,一系列重大工程在西部高烈度区相继上马,而此时的重大工程边坡地震工况下的稳定性如何重新进行客观评价已成为一个科学难题。

已有文献表明,国外科学家在20世纪就已展开斜坡地震动响应的观测、模拟及理论分析,但由于实测资料较为零星及传播介质的复杂性,斜坡地震动响应规律问题一直难有大的突破。

地震地质研究很少将古地震滑坡与地质历史时期大地震联系起来,导致一些高震级的历史地震或史前地震震源区遗漏,目前更为棘手的是对斜坡地震工况下无论高程差异还是地形差异稳定性评价,均采用同一基岩峰值加速度,这在很大程度上低估了地形的放大效应。

众所周知,具备凸起地形的坡面对地震波具有放大作用,称为地形效应(Boore,1972)。显著的凸起坡面对地震波长的放大作用更为明显。依据地震波的放大现象,丘陵地带的较大起伏硬质地基与平坦的冲积地基相比更容易被放大,相对高程的增加也使地震波被放大,易于发生密集的崩塌。纵观国内外地震地形效应的研究,有以下几方面成就。

1. 地震过程中地形对地震波放大导致震害加重

在许多实际地震中,各国地质学家观测到地形放大的现象,并且从中还可以看出影响地形放大效应的一些控制因素。

1971年美国加利福尼亚圣费尔南多(San Fernando)地震6.5级时的帕科依玛(Pacoima)坝记录到很高的加速度记录(1.23g),人们开始关注地震场地及地形效应。

Geli 等（1988）对 1976 年发生的危地马拉 7.5 级地震研究发现：其触发的滑坡主要集中在山脊的一边，而另一边则没有，揭示地震动地表破坏具有方向性，其中特克潘（Tecpan）滑坡掩埋了两个村庄；1985 年智利中部发生 7.4 级地震，位于山脊顶部的诸多建筑破坏严重，有的几乎不可修复，表明地震作用下特殊的山脊反应；1987 年美国加利福尼亚州惠蒂尔纳罗斯（Whittier Narrows）Mw 5.9 级地震的地表异常破坏情况表明有场地放大效应；Celebi（1987）对实测地震数据的研究发现，地震引起的破坏在山脊顶及陡崖顶趋于严重；1989 年美国圣弗朗西斯科湾洛马普雷塔（Loma Prieta）7.1 级地震中，Robinwood 山脊顶遭受很大破坏，而邻近的悬岸却没有影响；1994 年太平洋断崖海岸陡坡上的北岭（Northridge）Mw 6.7 级地震是表明地形放大效应的又一个的例子，距震中 6km 的塔扎纳（Tarzana）一个条形山脊地震东西向峰值加速度达 1.87g（Spudich et al.,1996），远远超过平地区地面峰值加速度，这次地震引发多起滑坡。课题组 1995 年的虎跳峡地质调查揭示，20 世纪丽江以北地震多发（中甸、小中甸）的金沙江北岸（左岸）边坡崩塌、滑坡十分发育，而虎跳峡南岸（右岸）岩体相当完好，形成 2000 余米高的绝壁，具有明显的背坡效应。刘洪兵等（1999）较为全面地总结了国内外地震波地形放大效应研究成果。

2008 年汶川 8.0 级大地震在极震区的地形放大效应有目共睹，令人吃惊的是距震中 130km 的龙泉山民主村与简阳交界的单薄山梁上出现了明显的震害加重——山梁开裂，向两侧崩滑，其中崩滑作用在南东坡特别强烈，巨大的滚石抛出后停积在距坡脚 100m 远处的坡地里，表明地震波的地形放大效应是山地灾害发育的关键因素之一。2014 年云南鲁甸地震震级仅 Ms 6.5 级，却诱发大规模山地灾害，地形放大效应是主要致灾因素之一。

上述实例均体现了地震波的地形放大效应现象，其在国内外不同类型地震中普遍存在。观察还揭示了这种地形放大效应（程度）受地震波传播方向及波的入射角度的影响。

全世界对山区强震地震波诱发山地灾害的长期监测成果甚少，原因可能是捕捉概率低，短期难以获取系统数据，从而在很大程度上制约了进行地震山地灾害定量动力分析的进程。

2. 对地形放大效应的理论研究

西方学者对地形放大的理论研究开展较早，大多数研究集中在对山脊的地形效应上，Boore（1972）、Davis 等（1973）和 Bard 等（1985）对地震地面运动不规则地球物理特性效应进行了理论研究，发现小山有不同程度频率相关的运动放大。

Gelebi（1988）对有关地形放大效应的理论及观测研究的许多文献做了归纳与总结：①地形放大发生在入射波长与地形坡宽近似相等时的坡顶处；②入射 P

波的地形放大效应低于入射 S 波的地形放大效应；③对 P-SV 波的地形放大效应比 SH 波的稍强；④地形放大效应随入射波入射角度的增大而减小，但随三维山脊方位角的放大效应还不是很清楚；⑤地形放大效应随坡度比的增大而增大（坡度比指坡高与地形坡宽的比值）；⑥体波及面波的散射依赖于入射波的类型：对入射的 SH 波为水平传播的 SH 波，对入射的 P 波主要为瑞利（Rayleigh）波，对入射的 SV 波则为瑞利波及 P 波的混合；⑦当有相邻的山脊存在时，地形放大效应会有所增大；⑧总体上，理论计算所得到的地形放大值要低于实际地震中观测到的地形放大值。

Rogers 等（1984）利用谱比（相对于预先选定的参考站点的谱值之比）描述地面运动在不同场地的放大效应；Celebi（1987）研究了 1985 年智利中部地震时的地形放大及场地放大，其内容包括场地响应实验的描述、数据的获得及辨识地形和场地的以频率为函数的放大效应。研究结果表明，根据对地震运动记录的谱比研究，在主震及余震中，地面运动在不同地质条件的场地及山脊处确实得到放大；利用谱比研究可以得到不同地质及地形条件下，地面运动放大的频率范围。

Peng 等（2009）从理论上对比了不考虑地形放大效应与考虑地形放大效应的地质灾害发育情况；刘必灯等（2011）分析了在 SV 波入射情况下，V 形河谷地形对地震动的影响；张季等（2016）基于边界元法分析，揭示了两侧为覆盖层的基岩突起，覆盖层地震动峰值加速度大于基岩峰值加速度；吴晓阳等（2017）收集整理了日本 KiK-net 239 个 II 级场地台站的地震记录，对场地峰值加速度放大系数与场地特征参数相关性进行了深入研究。

3. 对地形放大效应的实验、观测及机理分析

Hartzell 等（1994）基于 1989 年 10 月 18 日的 Ms 7.1 级洛马普雷塔地震作用下的 Robinwood 山脊，研究了导致地面运动放大以致对结构物产生重大破坏的原因。除了可能的地形效应外，每一种场地也有其自身的场地效应。在许多地形效应的实际观测研究中，很难将这两种效应区分开，这也说明了只考虑地形效应的理论分析结果比实际观测值小的原因。除此之外，还需考虑震源相对于地形位置的影响。这 3 种因素，即地形效应、场地效应、震源位置对 Robinwood 山脊的破坏影响很大。由于地震时地面运动的复杂性，Hartzell 等只对观测结果做了定性研究，得到了对 Robinwood 山脊破坏程度影响较大及引起地面破坏的几个主要因素，如下：①在山脊内体波的多向反射及散射；②瑞利波及勒夫（Love）波的复杂的相互作用；③地形放大效应发生的频率范围为 1~3Hz，地形放大系数为 1.5~4.5，这种放大还可能包含了局部场地效应所引起的部分贡献；④在高频（4~8Hz 的竖直分量及 6~9Hz 的水平分量）处，场地效应的放大系数可高达 5.0；⑤主震源的方向性及波的扩散状态引起 Robinwood 山脊区域普遍的地面运动幅值的提高。

许多研究者（如 Davis et al., 1973; Bard et al., 1985; Celebi, 1987）给出了对山顶的地形放大的观测报告，大多数研究的共同点是观测结果不能被数值模拟分析的结果很好地解释，模拟和观测结果对以波长和山脊坡宽之比为参数的地形顶部地震波的放大有一致的定性结论。模拟和观测结果的不一致主要在于地面运动的放大程度上。

国外在 20 世纪 70 年代针对强震区海湾地区土质地基不同埋深的加速度进行了较系统的监测研究。1975 年 6 月 7 日，加利福尼亚丰台尔地震期间，在赫姆勃特湾核电站地表及核电站基础上（埋深 75ft[①]）获取了两条峰值加速度记录，场地土层由地表向下分别为：0～25ft 为中硬黏土，25～37ft 为中密砂，37～50ft 为密砂，50～58ft 为很硬黏土，58ft 以下为密砂。结果显示，地表的加速度峰值比核电站基础上的加速度峰值大一倍以上。1967 年 3 月 6 日，在美国西雅图市的联合海湾垂深 3m、18m 和 32m 深记录到 4.0 级的地震，地基土上部 17.15m 为淤泥，向下至 30m 深度处为软至中硬的黏土，再往下则为冰碛物。结果表明，地表的加速度峰值反而比冰碛层的输入峰值小，而 18m 深处中硬黏土的地震动记录峰值却比冰碛层的输入峰值大，明显受介质特性控制。日本千叶台阵砂土层中布设了 44 台三分量地震仪，自 1982 年以来，先后获得震级从 4.0～7.9（日本震级）、震中距从 5～702km 范围的 27 次地震的数百条加速度记录。记录的最大水平加速度峰值范围为 3.3～327.1Gal（$1Gal=0.01m/s^2$），得出地表的震动加速度峰值比 40m 深度处的加速度峰值大 3～4 倍（罗海学，1988）。

Sepúlveda 等（2005）研究揭示了 1994 年北岭 Mw 6.7 级地震地形放大效应是导致斜坡广泛失稳的主要原因。

4. 力求定性及定量一致的理论模型

数值模拟预测地形位移相对于自由场地位移（不计地形影响）的放大可达 2 倍，而观测的结果则表明放大的程度要高得多（超过 10 倍）。在山坡和山脚，数值模拟分析所预测的地形放大及衰减是随频率变化而变化的函数，这实际上说明以山脚为参考点所估计的山顶放大可能会有严重偏差。

由于大多数地形效应的数值模拟是针对均匀半空间上孤立的山脊或峡谷进行的（如 Bouchon, 1973; Sánchez-Sesma et al., 1982, 1985, 1991, 1993; Kawase, 1988, 1990），数值模拟和观测结果的不一致可能由于山体复杂的地质结构、复杂的入射波场地或一个比模型中引入的地形更为复杂的地形条件所致，如地下的覆盖层（Bard et al., 1982；Geli et al., 1988）、相邻的地形（Geli et al., 1988）或三维效应（Pedersen et al., 1994）的影响等。这一解释已由模型的研究所证实（Anooshehpoor et al., 1989）。

[①] 1ft=0.3048m

Pedersen 等（1994）通过分析局部和区域地震记录，对一个邻近希腊中部苏尔皮（Soúrpi）的延伸的山脊进行了局部放大及波的绕射的研究。其目的是想表明在观测结果和理论预测之间确实存在定量的一致，所取得的数据主要研究了由地形引起的场地效应。

根据域频分析的结果，谱比的放大为 1～3（山脊顶的谱值相对于山脊底的谱值的比值），地面运动的水平分量放大值比竖直分量的放大值大，并且观测到的谱比对不同地震位置似乎是稳定的。而由直接边界元法（direct boundary element method，DBEM）计算出的结果则表明理论谱比和地震位置有关，尽管在总体上由计算所得到的理论谱比和由观测所得到的谱比是一致的。Pedersen 等（1994）对另一个来自法国阿尔卑斯山脉的圣埃德纳山（Mont Saint Eynard）的地震数据分析也表明了类似的谱比放大特性（山脊顶相对于山脊的侧面，谱比高达 4.0 倍），这些相对放大值均在数值模拟分析的预测范围之内。数值模拟分析的结果还表明，地形效应还包括绕射波从山脊顶到山脊底传播时的辐射效应。数值分析采用奇异值分解及谱矩阵过滤的波分离方法，结果表明用于估算纯地形效应引入的山脊顶放大的数值模拟结果同观测数据一致。Pedersen 等（1994）还从该密阵数据中发现了场地效应的影响，即更大的放大效应发生在位于坡顶后的 3 个站点处而不是坡顶处。这一结果表明，如果用从山脊底部到顶部的放大来作为地形效应而忽略场地效应时，将可能导致错误的结果。

由此，Pedersen 等（1994）得出：由于地形引起的放大程度在数值模拟结果和观测值之间有较好的吻合。数值分析表明，地震波放大效应与场地的固有频率有直接关系，尤其是放大极可能发生在山脊顶或接近于山脊顶处。他们的研究还表明，在对观测数据的分析中主要问题是缺乏参考站点，因为由地形引起的场地效应在空间上比地形本身的延伸还要远；解释观测结果和理论分析有差别的难处在于，理论模型缺乏对关于入射波的方向和特性的认识。这种入射波场的复杂性可以解释为什么实测得到的谱比不受地震位置的影响，而理论分析的谱比则受到方位、入射角及入射波类型的严重影响。

Ashford 等（1997）对发生在太平洋断崖海岸陡坡的 1994 年北岭地震做了定量化分析。他们收集了超过 50 个建筑的详细数据，发现最严重的破坏（并且很可能是最强烈的地震动）都集中在陡坡顶上大约 50m 以内，而这是一个和陡坡高度近似相等的长度；大多数其余破坏发生在坡顶上大约 100m 以内。最严重的破坏发生在接近于最陡的坡处，并且所有破坏均集中在地域的南部角落，这主要是由于震中在南部，说明了地形放大效应的方向性。理论分析采用二维黏弹性频域内通用连续透射边界（general continuous transmission boundary，GCTB）方法进行了响应分析，这是 Deng（1999）针对二维地震场地响应分析所给出的方法，分析结果与实际的破坏状况吻合良好。

2006年，日本学者安田勇次等人以实际山体为模型，进行了模拟地震时山地灾害发生机制的仿真试验研究。该研究重点研究地震冲击波对地形的改变效果，对坡面位移进行定量试验，确定不同地形在地震时发生坡面崩塌的可能性。参考日本六甲山脉住吉河流域的地形，制作成凸起地形模型，用弹塑性理论的非线形三维空间反应解析进行分析。

5. 入射角对地形放大的影响及地形效应和场地效应的区分

关于波的入射角对地形放大的影响，Ashford等（1997）进行了专门的定量化理论研究。其中，绕垂向顺时针方向的角度，负入射角度的波表示波传入坡内，正入射角度的波表示波传出坡外。分析中采用的入射角范围为$-30°\sim+30°$，得到的结论是：①对SH波，传入坡内的波引起的半空间响应比传出坡外的波引起的半空间响应大，传入坡内的入射波（对所研究的角度）比垂直传播的入射波引起的放大效应更大。这种放大效应随频率的增大而增大，在$H/\lambda=0.2$（H为坡高，λ为波长）时第一次达到最大放大，垂直入射时增加25%。以30°入射角传入坡内入射时增加近70%，将第一次达到最大放大时所对应的频率称为地形频率。当以传出坡外的波入射时，运动随入射角的增大而衰减。②对SV波，水平分量的响应和SH波的结论相似，但传入坡内的入射波引起的放大更大，超过100%，而传出坡外的入射波引起的衰减则更小。③对SV波，竖直分量响应受波传播方向的影响很小。响应在低频处有一个显著的增长，增长随入射角的增大而增大，但和波的入射方向无关。

总体上，这些结论可以部分解释为什么对同样特性不同方位的陡坡，在实际观测中，在一个特定的方向会引起很大的破坏。

Hartzell等（1994）的研究表明，需要在数据收集及理论分析时分离场地效应及地形效应，这也是Ashford等（1997）所建议的。对于陡坡，当需要研究由于地形效应引起的定量化放大时，可以通过比较坡顶后的自由场地响应及坡顶处的响应得到。Ashford等（1997）根据坡底自由场地的峰值加速度a_{ft}、坡顶自由场地的峰值加速度a_{ffc}及坡顶峰值加速度a_{max}定义了反映放大的3个参数（图1.1和图1.2），即

地形放大 $\qquad A_l=(a_{max}-a_{ffc})/a_{ffc}$

场地放大 $\qquad A_s=(a_{ffc}-a_{ft})/a_{ft}$

表面放大 $\qquad A_a=(a_{max}-a_{ft})/a_{ft}$

由此得到 $\qquad A_a=(1+A_l)\times(1+A_s)-1$

式中，A_l为地形放大系数；A_s为场地放大系数；A_a为表面放大系数。

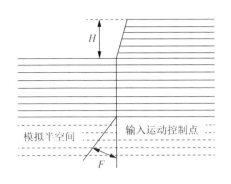 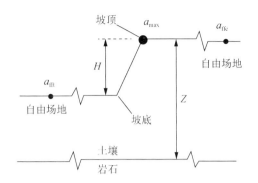

图 1.1 GCTB 法理论计算模型　　　　　图 1.2 计算加速度时程的位置

H. 坡高；*F*. 地震波入射角　　　　　　*H*. 坡高；*Z*. 覆盖层厚度

这样，表面放大就可以完全用场地放大和地形放大来描述，而且也可以从理论上将放大的地形效应及场地效应分开。

Ashford 等（1997）根据定义的参数，在时域范围内研究了一个坡度为 75°、坡高为 27m 的陡崖模型。对以不同入射角度（0°~30°）传入陡坡内的入射波的研究得到：

1）竖直（入射角为 0°）入射时，响应的场地放大比地形放大更大，前者放大为 100%以上，后者仅为 50%左右，而且场地放大比地形放大更不依赖于所输入的运动。

2）对竖直响应分量，地形放大 A_t 和表面放大 A_a 在有角度入射时总比竖直入射时要大，并且有随入射角度增大而增大的趋势（事实上传入坡内的入射角为 30°时引起的地形放大为竖直入射时的近 2 倍）；场地放大 A_s 在有角度入射时总比竖直入射时要小，并且总体上随入射角度的增大而减小。

3）对水平响应分量，也有同竖直响应分量相似的结论。

4）尽管地形放大 A_t 在有角度入射时总比竖直入射时要大，但坡顶峰值加速度 a_{max}（无论水平或竖直加速度）一般都在波竖直入射时为最大。这样在对场地进行响应分析和以力为主的边坡稳定性分析时，假定波竖直入射就可以了。

6. 矿山爆破地形效应研究

韩子荣等（1985）对高陡边坡坡爆地震效应进行了较为系统的观测，根据观测数据，给出了速度和折合药量的关系式和包括高差、距离、药量的关系式；才荣综合观测方式进行了爆破地震和雨量、地下水等对边坡稳定性影响的研究，根据高陡边坡地震作用的特点，补充制定了爆破地震安全判据和邻近边坡爆破作用；朱传统等（1988）对地震波参数沿边坡坡面传播规律公式进行了确定；裴来政（2006）对金堆城露天矿高边坡爆破（人工地震）震动进行了监测与分析。

综上所述，国内外专家从已发生的大地震震害调查得出一致的结论：地形对地震波具有明显的放大作用，目前对其研究仍处在室内模拟阶段，但模拟的地形效应明显弱于实际观察到的地形效应。尽管国外对地形地震效应认识较早，但针对地形效应进行的实地观测非常少，真正能参考或借鉴的资料并不多；国内试验主要集中在矿区边坡爆炸地形效应上，监测结果难以直接用于地震破坏地形效应分析。总之，前人的地形地震效应研究成果还不能满足西部重大工程对地震工况下高陡潜在不稳定斜坡的评价，目前四川西部已进入地震活跃期，对于实地地震效应监测是一个极好的时期。

地震响应的地形放大效应影响不可忽略，尤其是对于陡坡地形的影响很大。这种放大效应受多种因素的影响，如场地效应、地形效应、入射波类型、入射方向、入射角度、地下覆盖层高度、相邻地形及地形的三维效应等。

在过去的20多年时间里，我们结合国家自然科学基金项目及部重点项目，对青藏高原东缘地震滑坡及堰塞事件进行了较为详细的普查。调查结果表明，地质历史时期高烈度区大型-巨型滑坡均为基岩滑坡，而且均有不同程度的堵江，如大渡河上摩岗岭滑坡、加郡滑坡、甘谷地滑坡、四湾里滑坡、干海子滑坡、岷江笔山滑坡、玛脑顶滑坡等，在其上游侧仍然保留有很厚的湖相沉积。在我国西部重大工程建设中，这种地震力对边坡失稳的作用在一定程度上被低估了，如西部大型电站的库区岸坡稳定性调查，大多仅关心已有滑坡的稳定性及其失稳后涌浪的评价，对潜在不稳定高陡斜坡在地震力作用下失稳概率的分析，以及库水因基岩滑坡异动如涌浪导致溃坝或翻坝等的评价分析几乎是空白的。这次汶川大地震的现场调查及卫星图片解译表明，绝大多数大规模的崩塌和滑坡均是潜在不稳定或认为基本稳定的高陡斜坡失稳导致的，昔日青山绿水的龙门山在汶川大地震后顷刻间变成了"头发花白的老人"。令人庆幸的是，龙门山除紫坪铺水电站外，还没有大库容的水库修建，否则后果不堪设想。

工作区在地震地质及深切河谷斜坡地震动响应研究等方面存在的问题主要有以下几个：

1）区域地质背景有待深入，川西各断块活动历史并不十分清楚。

2）汶川大地震斜坡地震动响应研究有待深入、系统。

3）地质历史时期地震活动规律研究及斜坡地震动响应现场调研不够，对地质历史时期潜在震源区的研究较少。

4）斜坡地震动响应差异在国内缺乏系统的实测数据。

5）斜坡地震动稳定性评价技术有待补充和完善。

汶川地震地表破坏震后调查揭示，斜坡不同部位地震动响应确实存在较大差异，同一斜坡坡脚与坡顶地震加速度相差可达2倍以上。汶川地震以后，川西北地区余震频发，在地震频发区设立监测剖面捕捉不同高程斜坡地震动加速度是一个千载难逢的机遇。

地震工况下对于大型滑坡稳定性评价，目前的现状是工程场地无地形部位区分，均采用统一峰值加速度，这显然没有考虑实际地震过程中的地形放大效应差异，其评价结果直接用于指导工程设计具有较大的风险。国内还没有一个行业规范对此提出符合实际的评价细则，地震部门地震安全性评价也没有提供这方面的参数。目前川西北地区已进入高速建设期，川藏铁路、雅康高速公路、大型水电工程相继上马，本研究旨在查明川西地区地震地质条件及区域构造稳定性的基础上，对川西地区地震地质、深切河谷斜坡地震动响应及深切河谷斜坡地震动稳定性评价技术进行系统研究，提出更加符合斜坡地震动响应客观实际的地震动参数。

地震部门目前致力于地震台网的连片建设，提供基本烈度背景值。在近期还没有针对斜坡地震动响应的研究计划，鉴于中国西部重大工程的重要性和迫切性，开展这方面研究，不但不与地震部门工作重复，反而研究成果与地震台网的面上资料正好互补，并可在短期内缩短与国外的研究差距。对地震次生山地灾害发生条件及山地斜坡地震动响应规律的深入研究有望揭示山区强震山地灾害发生机理。

在中国地质调查局长期资助下，作者课题组对川西深切河谷斜坡地震动进行实时监测。通过固定监测剖面及流动监测剖面，实时监测到汶川地震余震、芦山7.0级地震主震与余震、康定6.3级地震，监测数据达300余组，通过对这些宝贵数据进行分析，揭示了一些斜坡地震动响应规律。

第 2 章 川西 Y 形构造发震环境

2.1 川西 Y 形构造

川西 Y 形构造位于印度板块与欧亚板块相互碰撞汇聚接触带东侧欧亚板块内（图 2.1），在大地构造上属环球特提斯构造域，地处阿尔卑斯—喜马拉雅造山带东段弧形转折部位，地质历史时期受两大陆板块边缘不断裂离又相互拼接镶嵌所控制，逐渐形成了现今不同性质和规模的陆块相间拼合的构造格局。

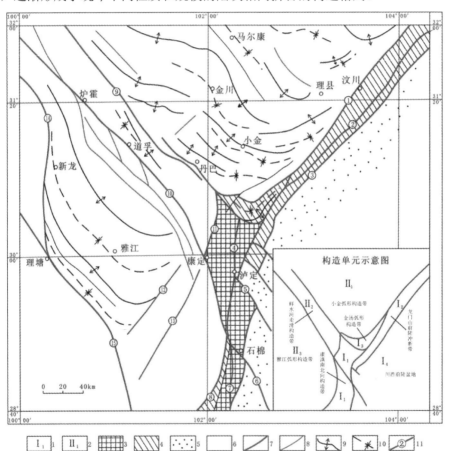

图 2.1 川西 Y 形构造环境

挽近期以来，由于印度板块向欧亚板块的强烈推挤，致使在青藏高原急剧抬升和南北向缩短的同时，岩石圈物质向 E 及 SE 运动。由此驱动该地区地壳物质以断块形变位移方式向 E 及 SE 强力楔入，导致断块边界断裂，发生强烈的水平剪切错动，形成错综复杂的地质构造格局和现代地壳应力-形变图像。

研究结果表明，区内地质构造格架由 3 个不同的构造单元组成，即北部川西北三角形断块、中部川滇断块及东部川中断块（图 2.2）。

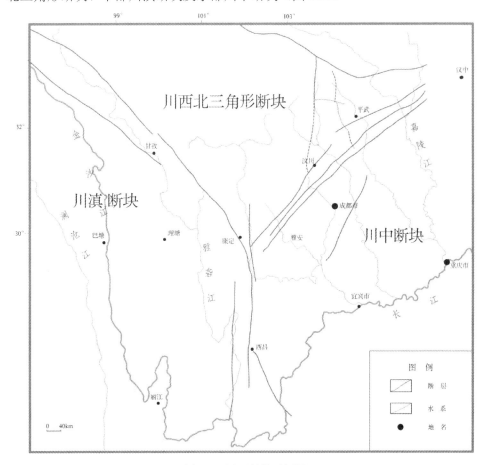

图 2.2 川西断块区划图

2.1.1 川滇断块

川滇断块地处青藏地块东部边缘地带，鲜水河断裂带、安宁河—则木河—小江断裂带及金沙江—红河断裂带分别构成其北、东及南西边界（图 2.2）。

在青藏地块东部特定的岩石圈-地壳构造条件下，由印度板块 NNE 向强力推挤而产生的岩石圈物质向 E 及 SE 侧向挤出作用，驱动川滇断块的 SE 楔入，导致各边界断裂，发生强烈的水平剪切错移，并成为现代地震活动的发震构造。边界断层的剪切滑移一方面构成了断块推移的动力学边界条件，另一方面对断块内部构造应力-形变场的形成与发展有着重要的控制作用。

1. 断块东部剪切滑移边界

川滇断块的东部剪切滑移边界由安宁河断裂带、则木河断裂带及小江断裂带3条地壳断裂带组成。其北端于泸定磨西附近与鲜水河断裂带左行斜接，南端于云南通海以南与红河断裂相交。

该边界总体上呈近南北走向发育。北段为近南北走向的安宁河断裂带，该断裂带于西昌附近被活动性较强的近北西走向的则木河断裂左旋切错，致使断块东部边界在这里由南北向转为北西向；中段为近北西走向则木河断裂带，该断裂带由4条呈右行斜列发育的断层所组成，其南端于云南巧家附近为小江断裂所截；南段小江断裂带走向近南北，于云南东川以北分为两支，向南延伸于通海以南呈与红河断裂相交的趋势。

该滑移边界总体上以左旋走滑活动为主，并有一定的逆冲分量。受其所处构造部位不同的影响，各断裂带的活动性状及其强度均有明显的差异。北段安宁河断裂与南段小江断裂的新活动性，均表现出具有较大逆冲分量的左旋走向滑动，其历史平均滑动速度分别为4～6mm/a及3mm/a以上；中段则木河断裂以左旋走滑活动为主，逆冲性并不明显，历史平均滑动速率最大可达10mm/a以上。

2. 断块北部剪切滑移边界

川滇断块的北部剪切滑移边界由鲜水河断裂及甘孜—玉树断裂两地壳断裂组成（图2.1和图2.2）。

滑移边界总体呈北西向展布。北西段甘孜—玉树断裂由数条右行及左行斜列的次级断层组成，其南东端于甘孜—侏倭附近与鲜水河断裂带右行斜接；南东段鲜水河断裂带由5条左行及右行斜列的次级断层构成，其南东端与安宁河断裂左行斜接。

鲜水河断裂带与甘孜—玉树断裂带挽近期的新活动性均表现为较强的左旋走滑活动。所不同的是，后者具有较强烈的逆冲性，而前者的逆冲分量则相对较小。前者的活动强度较高，其最大历史平均错动速率达17mm/a，目前仍保持在5～8mm/a的水平上；后者活动强度相对较低，最大历史平均滑动速率不超过8mm/a。

3. 断块南—西部剪切滑移边界

构成断块南—西部剪切滑移边界的金沙江—红河断裂带是一条右旋走滑型岩石圈断裂。北段金沙江断裂由2～3条近南北向断层平行展布组成，其南端于洱源—大理附近与红河断裂右行斜接；南段红河断裂走向北西，延伸长大，挽近活动十分明显，历史最大平均错动速率高达20mm/a，并控制着地表水系、新近纪—第四纪断陷盆地及现代湖盆的发育。

北部甘孜-丽江断块实际上是甘孜—松潘地槽的一部分，由厚达万米以上的海相碎屑岩建造为主组成，具有明显的塑性特征。该断块内部以甘孜—理塘断裂及锦屏山—丽江断裂带为界分为3个次级断块：东部雅江-九龙断块，由巨厚的陆缘海盆相碎屑岩沉积建造构成，内部构造以褶皱体系为主，断裂构造相对不发育，总体上表现出较强的塑性变形特征；西部稻城断块属义敦岛弧带的一部分，仍以较厚的海相沉积建造为主，内部构造以断裂为主，褶皱构造相对不发育，略具某种相对刚性地块的脆性破裂特征；南部盐源-永胜断块，内部构造以强烈的逆掩-揉褶体系为其突出特点，表现出相对较强的塑性变形特征。

南部西昌-楚雄断块，属华南地台区西缘康滇古陆的一部分，由前寒武系结晶基底组成。内部构造以断裂为主，褶皱构造相对不甚发育，总体上表现出较典型的刚性地块特征。

2.1.2 川西北三角形断块

位于研究区北中的川西北三角形断块，属青藏地块北部可可西里—巴颜喀拉构造带东部在印支期地槽褶皱带基础上发展起来的断块构造。其北侧以托索湖—玛沁—文县断裂带与西秦岭地槽褶皱造山带为界，南东侧以龙门山断裂带与川中断块为界，南西侧以鲜水河断裂带与川滇断块为界。

该断块在青藏地块岩石圈物质向东侧向挤出作用的驱动下，沿其北部及南东部边界断裂向东强力推移，由此而控制着边界断裂的剪切滑移动力学性质和断块内部地壳应力-形变特征。

1. 断块北缘及南东缘剪切滑移边界

构成断块北部边界的托索湖—玛沁—文县断裂带总体呈 NWW 向展布，在南坪—文县附近呈向南凸出之势。作为川西北断块与西秦岭褶断带的分界构造，该断裂切割深度已达岩石圈，其南、北两侧地壳高密度界面落差达 9km，同级夷平面高差达 1000~1200m；Q_3 以来的左旋累计走滑位移量达 100m 以上。

断块南部边界与茂县断裂及青川—平武断裂，于茂县—平武附近呈右行斜列展布，挽近期以来表现为较强烈的右旋走滑错动，控制着现代地貌及水系的发展，历史平均滑动速率为 0.6~0.8mm/a。

2. 断块内部地质结构

川西北断块属青藏地块北部可可里西—巴颜喀拉构造带的东北部，是在印支期地槽褶皱带基础上发展起来的断块构造。其突出特点在于内部介质以巨厚的地槽型海相沉积建造为主，表现出较明显的塑性特征。基底极可能是由古扬子地台分裂出来的结晶岩体，其刚性特征极为明显。这种"上软下硬"的地壳二元结构是该断块的地壳结构特征。

断块内部地质结构可分为 3 个性质不同的亚区。西部（岷江断裂以西）为川青断块（Ⅰ区），东部（虎牙断裂以东）为摩天岭断块（Ⅱ区）。前者属松潘—甘孜地槽褶皱带的北部成分，地壳构造以褶皱为主，断裂不甚发育；后者为摩天岭构造带，地壳构造相对较简单。二者之间为岷山褶断隆起带（Ⅲ区），地质构造相当复杂。

2.1.3 川中断块

川中断块介于龙门山断裂带与莲峰—华蓥山褶断带之间，是一个由四川台坳西部、康滇地轴东部、上扬子台褶带西段等构造单元组成的复合型断块。

断块内部构造-地貌格架可分为3个特征明显不同的区域。西部龙泉山断裂与龙门山断裂之间为川西坳陷区，是川西中、新生代主要的断陷区；龙泉山断裂以东至华蓥山断裂之间为川中块状隆起区，其构造基底以乐山-龙女寺古隆起及威远隆起为主，是川中断块中褶皱最弱的地区；大致以雅安—乐山—宜宾一线以南为峨眉-凉山块断隆起区，地质构造相当复杂，表现为复杂的断裂构造为主体的相对刚性块断区，在地貌特征呈现出以峨眉山及大凉山为主体的强烈隆起。

2.2 川西Y形构造地震活动

鲜水河断裂1725年以来共发生6级以上地震28次，其中7级以上地震8次（1900年以来发生6级以上地震14次，其中7级以上地震3次）；龙门山断裂1900~2000年的100年间共发生8次中强震，汶川地震以来已有5次6级以上地震，其中余震4次（图2.3）。

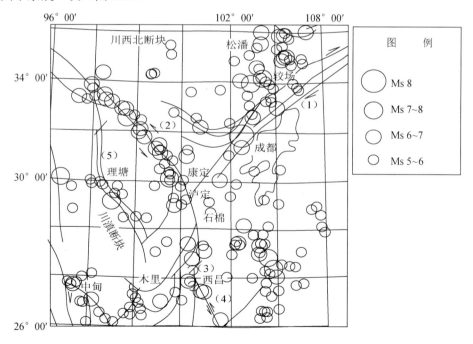

图 2.3　川西地震构造图

（1）龙门山断裂；（2）鲜水河断裂；（3）安宁河断裂；（4）则木河断裂；（5）甘孜—理塘断裂

由地震诱发的滑坡崩塌比降雨作用要强得多，不仅如此，地震诱发的滑坡往往堰塞江河，形成堰塞湖，溃决后可以引起重大次生灾害，其程度往往不亚于地震直接灾害的本身。例如，1933年8月25日叠溪7.5级地震，地震滑坡堰塞岷江后20天，突然溃坝，导致2500多人死亡及大量财产损失；2008年5月12日汶川8.0级大地震导致龙门山地区形成大小200多个堰塞湖，其中北川唐家山堰塞湖积水2亿m^3，青川县红光乡及石坝乡形成十余个堰塞湖，积水近亿立方米等，这些堰塞湖一旦溃坝其后果将不可想象。与此同时，因汶川地震诱发崩塌、滑坡等地质灾害，让成千上万的同胞失去生命，使工业及民用建筑、交通、水利水电等基础设施遭受毁坏，造成数千亿元的经济损失（殷跃平等，2013）。

2.3 汶川地震发震机制分析

2.3.1 概述

汶川地震发生后，有关这次地震发震机理的论文逐渐增多，形成机理也是众说纷纭，但大多数学者认为长达500km的中央断裂是发震构造。这一机理似乎难以解释以下现象：此次地震公布的震源深度与震中位置投影后的震源没有落在中央断裂，而是落在前山断裂；等震线并不是以微观震中为中心对称分布的，极震区局限在微观震中北东侧；渔子溪河下游左岸地震次生山地灾害比右岸发育程度高，宏观震中与微观震中空间上并不吻合；此次地震另一个宏观现象是灌县—安县段前山断裂发生了与中央断裂类似的地表破裂，在绵竹九龙地表垂直错距近5m，地表破裂幅度不亚于映秀—北川断裂；青川、中央断裂上盘的次级断裂在绵竹清平也有0.5m的垂直错距，耿达—理县成为余震的频发区，使余震在空间上呈"√"形。

岷山南北向隆起带在川西北地区（图2.4）是一个重要的构造单元，从纵剖面来看，该带不但包括狭义的岷山隆起，还应该包括龙门山中段。虽然该带东西边界人们仍有不同看法，但其存在是普遍公认的，且其活动性在川西北地区举足轻重。通过分析川西北地区地震背景资料及新生代以来的变形资料不难发现，川西北中生代以来，特别是新生代以来，位于岷山隆起带南部的龙门山中段活动最为强烈（图2.5）：古老的彭灌杂岩推覆后出露地表、飞来峰成串分布、显著的地形反差、强烈的断层活动性、第四系充填厚度达数百米的成都平原中段、成都平原东侧的龙泉山等均与中段对应。这说明龙门山构造带中段比北段和南段活动性要强得多，这种差异正是岷山南北向隆起带锁固→应力积累→应力突然释放（黏滑发震）反复作用造成的。纵观川西北历史地震，其并不是沿龙门山构造带迁移，

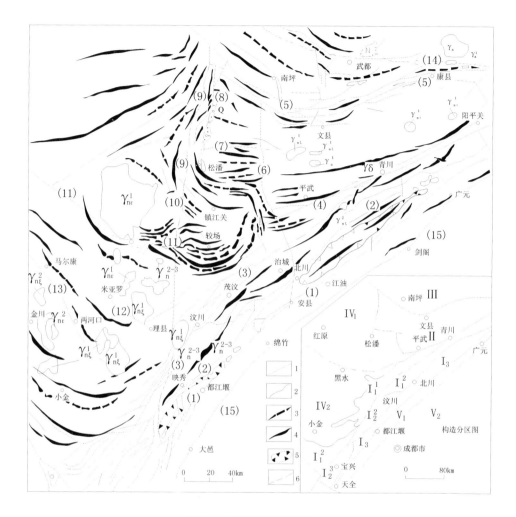

图2.4 川西北构造简图

1. 区域主干断裂；2. 一般断裂；3. 向斜；4. 背斜；5. 飞来峰构造；6. 推测断裂；(1) 灌县—安县断裂；(2) 映秀—北川断裂；(3) 汶川—茂汶断裂；(4) 平武—青川断裂；(5) 塔藏—文县断裂；(6) 虎牙断裂；(7) 雪山断裂；(8) 岷江断裂；(9) 牟泥沟—洋洞河断裂；(10) 松平沟断裂；(11) 阿坝—黑水—较场弧形断裂；(12) 米亚罗—理县断裂；(13) 马尔康—两河口断裂；(14) 武都—成县断裂；(15) 广元—绵竹—大邑隐伏断裂构造单元；Ⅰ. 龙门山巨型推覆断带；Ⅱ. 平武—青川（也称摩天岭构造带）推覆构造带；Ⅲ. 西秦岭地槽褶皱带；Ⅳ. 松潘—甘孜地槽褶皱带；Ⅴ. 川西前陆盆地；Q. 第四系地层；N. 新近系地层；γ. 花岗岩

而是围绕岷山南北向隆起带周缘及内部在发生，20世纪岷山隆起带中北部的强烈活动为汶川地震奠定了基础。

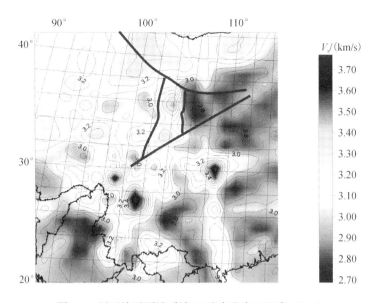

图 2.5　川西地区面波反演 V_s 速度分布（深度=8km）

（据松潘—利川—邵阳地质地球物理大剖面综合研究报告）

黑线为岷山隆起带周边断裂

2.3.2　岷山隆起带及其边界厘定

1. 岷山隆起带

岷山南北向隆起带地处川西北三角形断块内部。岷山隆起带西界为岷江断裂，东界为虎牙断裂和雷东断裂，北界为塔藏断裂和文县断裂，南界为灌县—安县断裂。岷山隆起带南宽北窄，东西宽 50～90km，南北绵延 200km；三维空间上浅部宽、深部窄的宽体。

隆起带主体北起松潘弓嘎岭，经红星岩、雪宝顶（5588m）、雪古寨、帽合山，南至龙门山中段山前；带内地形切割强烈，山高谷深，由一系列海拔 4000m 以上的山峰组成（图 2.6）。岷江断裂带以西为松潘高原，地表切割轻微，保留海拔 4000m 与 3800m 的两级夷平面（赵小麟等，1994）。

根据岷江断裂带的活动特征、第四系的分布及成因、河流的构造地貌特征等，可将岷山隆起自北至南分为 3 段，即弓嘎岭—镇江关段、镇江关—茂县段及茂县—灌县段。

弓嘎岭—镇江关段由一系列海拔 4500m 左右，近南北向排列的山峰组成，最高峰为漳腊东北的红星岩（海拔 5010m），基岩以灰岩、白云岩为主。隆起东侧为摩天岭中低山，隆起的东界大致为高中山的分界线，为一条中小地震活动带，是

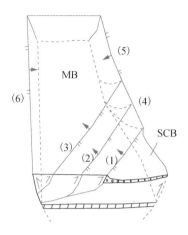

图 2.6 岷山隆起带立体图

MB. 岷山断块；SCB. 川中断块；（1）前山断裂；（2）中央断裂；
（3）后山断裂；（4）擂东断裂；（5）虎牙断裂；（6）牟尼沟断裂

虎牙断裂的北延部分。隆起带西缘并非沿岷江河谷发育，研究揭示西界沿岷江河谷西侧的热窝、薛城一带展布，切错早期的构造形迹。

镇江关—茂县段：由海拔 4000m 以上的高山和深切峡谷组成，山峰近南北向排列，基岩由三叠系变质砂岩、千枚岩及泥盆系危关群、志留系茂县群千枚岩、片岩及石英岩等组成。

茂县—灌县段：处在北东向龙门山构造与南北向隆起带叠加部位，山体走向北东，地理上属茶坪山，高程超过 2000m，地形较为陡峻，与河谷高差 1000m 左右，主峰九顶山最高顶峰狮子王峰海拔 4989m，安县北西的千佛山海拔 3033m，与东侧的成都平原相对高差 2000～4000m。基岩由花岗岩、花岗闪长岩、砂泥岩及碳酸盐岩等组成，地形切割强烈，起伏大，新构造变形强烈。

岷山隆起带构造活动强烈，地震活动无论沿其边界或其内部均十分频繁，是我国南北向地震带中段的重要组成部分。地质证据及现代大地形变测量资料显示，川青块体向南东方向的滑移过程现今仍在继续。

2. 边界断裂

（1）西界（岷江断裂）

广义的岷江断裂（图 2.7）由两条断裂组成，即东侧的岷江断裂（东支）及西侧牟泥沟—羊洞河断裂（西支）。地震部门一般将岷江断裂默认为岷江东支断裂，理由是第四纪以来主要沿东支的岷江断裂活动，现今地震活动也主要沿其分布。但本书作者课题组认为岷山隆起带西界应该是岷江断裂西支，即从北向南该断裂依次通过牟泥沟、羊洞河、热窝、黑水河、赤布苏、杂谷脑河薛城、鱼子溪河的鱼子溪—耿达电站之间，在大邑一带与山前断裂相接，断裂总体向东中倾（图 2.8）。

第2章 川西Y形构造发震环境

图 2.7 岷山隆起带西界（岷江断裂）（镜头朝南）

断层带由碎裂岩、碎斑岩及断层泥等组成，炭化明显，带宽 20~30m

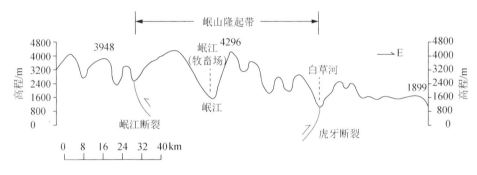

图 2.8 岷山隆起带横剖面及其东西边界断裂位置

剖面位置：N31°50′

这一划分的依据如下：①与深部地球物理分析结果圈定的边界一致；②西界断裂东倾，岷江河谷正好位于断裂上盘，震中并非都沿断裂地表露头分布，1933年叠溪地震震中正好位于该断裂上盘叠溪一带；③在热窝，沿断裂带有新近纪堆积（1∶50万四川省地质图）；④在赤布苏、薛城水电勘探均发现南北向断裂的存在，断裂带附近岩体极其破碎；⑤西界在卫片上与南北向沟谷有较好的对应关系。

在黑水县赤布苏见西界断裂破碎带，带宽 30m，向东陡倾，倾角约 65°，由炭化的碎裂岩、碎斑岩及断层泥组成。断裂带上盘为泥盆系危关群石英岩及千枚岩等，下盘为三叠系杂谷脑组砂板岩。地层产状走向北西，倾南西，倾角 40°~50°，断裂带附近产状较为杂乱。

（2）东界（虎牙断裂和擂东断裂）

1）虎牙断裂（图 2.9）。虎牙断裂为岷山隆起的东界断裂，该断裂南南起松潘片白、平武银厂沟一带，向北经虎牙，向北西错切雪山断裂后断续出露，长约60km。主断裂总体走向为北北西向，为逆冲断裂，具纽性（图 2.8）。1976 年松潘—平武

图 2.9 岷山隆起带东界（虎牙断裂）（镜头朝北）

断层带由碎裂岩、碎粉岩组成，内部炭化明显，地貌上呈负地形，引水隧洞揭示带宽 120m

两次 7.2 级地震的震源机制解揭示，虎牙断裂为在近东西向区域构造应力作用下，具有左旋走滑挤压特征的全新世活动断裂。

虎牙断裂两侧具有明显的地貌界线，东侧为中山地区，海拔 2000～3500m，西侧为松潘高原，海拔约 4000m。从涪江源头至小河一带，河谷地形陡峻，河床坡度大，在小河一带形成断裂谷，河道明显受断裂控制。河谷左岸的陡坎、平台等表明了断裂的活动性，涪江支流下切速率低于主流，说明该河段处于抬升区。

2）擂东断裂。龙门山断裂带大致以岷山隆起东界的近北南向虎牙断裂和北川至安县一线的擂东断裂为界，分为西南段和东北段，其晚第四纪活动差异显著。擂东断裂在卫星影像上有清晰的显示，并左旋错断了龙门山主中央断裂和山前断裂。地貌上表现为一深切的断层沟槽，沟槽一侧有高达 10 多米的断层崖。在擂鼓镇南辕门坝的一个采石场揭示了该断裂的活动特征。断裂发育在中三叠统白云质灰岩中，可见破碎带宽度 8m 左右（其余被覆盖），近主断面有宽 1.5m 左右、结构疏松的挤压透镜体和破碎岩带，主断面上清晰的斜擦痕指示断裂呈左旋逆冲性质。擂东断裂以西的盖头山是第四纪的新隆起（周荣军等，2005）。

对地形地貌、断裂活动性、布格重力异常、中小地震的活动及平武—北川—安县一线存在沟槽和疏松的断裂破碎带等进行分析，发现擂东断裂在晚第四纪时期有过活动，为岷山南部东侧边界。

（3）南界（灌县—安县断裂）

龙门山构造带一般以安县、灌县为界分为北段、中段和南段，但从地质建造和构造变形特征分析，南段和中段的界线应该在大邑一带更合适。

灌县—安县断裂呈北东向展布于中生代地层中，是一条倾向北西、倾角较陡的逆冲断裂，为一条脆性断裂，该断裂南起自大邑，过灌县、彭州，在安县与擂东断裂相接。该断裂及龙门山前缘隐伏断裂的逆冲活动是龙门山前山带上升隆起的主因。由于灌县—安县断裂发育于前陆盆地内部，因此其逆冲时代应当晚于映秀—北川断裂。

（4）北界（塔藏断裂和文县断裂）

西秦岭褶皱带南边界断裂为区域性深大断裂，在本次研究中涉及其向南凸出弧形弯曲部（图2.10），由北西—北西西的塔藏断裂、北东—近东西向文县—岸门口断裂组成。

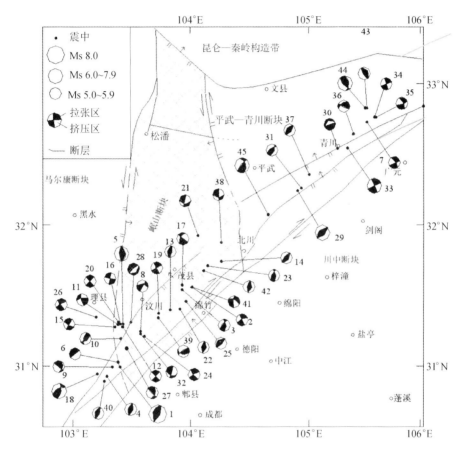

图2.10　川西北构造格架与汶川地震主震、余震震源机制解（胡幸平等，2008）

1）塔藏断裂：西起甘肃玛曲北，东至甘肃文县西北，全长约180km，总体走向北西，南坪附近转为北西西向，文县附近为近东西向，倾向北，倾角45°～80°。断裂带常见挤压凸镜体、断层泥、角砾岩、矿化等。

据地震资料，该断裂东段（南坪—文县段）多次发震，说明该断裂东段现今仍有较强的活动性。

2）文县断裂：西起甘肃文县附近，经康县南、略阳南向东在勉县附近与平武—青川断裂相交。其走向多变，文县附近为东西向，文县—康县为北东向，康县—略阳为东西向，略阳以东为北西向，穿越该断裂的水系如白龙江、嘉陵江表现出在北盘有规律地向西偏移，南盘向东偏移，即呈 S 形弯曲（图 2.10），说明此断裂的新活动性具有左旋走滑性质。

2.3.3 川西北历史地震序列

从图 2.11 和表 2.1 所列公元前以来记录的地震来看，川西北历史地震空间分布上受岷山隆起控制，无论是震级还是数量，岷山隆起带北部较多，南部即龙门山构造带中段相对较少。从时间上来看，1879 年以前近 2000 年的时段内未发生大于 7.0 级地震，即在瓶颈效应的作用下，要发生 8.0 级大震量级的地应力需要积累很长的时间（大于 2000~4000 年），1879 年的文县 8.0 级大地震是岷山隆起带北界应力长期积累的结果，这一巨大应力的释放导致地震由北向南迁移，在隆起带边界及内部出现多次 6 级以上地震，5 级以上地震活动较为频繁，但截至 2008 年 5 月 12 日，南界的地震活动一直较为平静，仅在 1913 年、1970 年和 1999 年分别在北川、大邑和绵竹出现 5 级地震，这预示着南界一场大地震的来临。

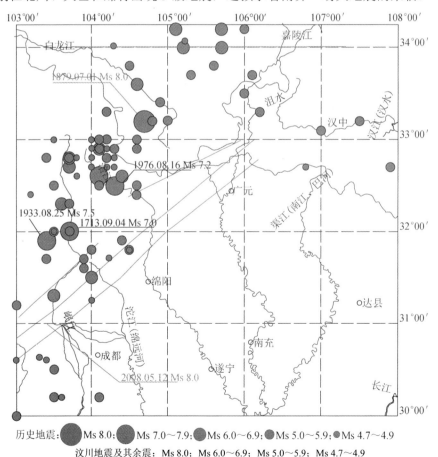

图 2.11 川西北地区历史地震分布

表 2.1　岷山隆起及其周缘历史地震

时间/（年.月.日）	震中	震级
公元前 186	武都	6.0
638.2.11	松潘	5.0
1169.1.24	北川	5.0
1488.9.16	茂县	5.5
1597	北川	5.0
1623.6.23	松潘	5.0
1630.1.26	松潘	5.0
1657.4.21	汶川	6.5
1713.9.4	茂县北	7.0
1738.5.19	南坪	6.0
1748.2.23	汶川	6.0
1748.5.2	松潘黄胜关	6.0
1879.7.1	文县大桥	8.0
1900	邛崃	5.0
1913	北川	5.0
1933.8.25	叠溪	7.5
1934.6.9	理县	5.5
1938.3.14	茂县—松潘间	6.0
1952.11.4	叠溪	5.5
1958.2.8	北川	6.2
1970.2.24	大邑	5.0（6.2）
1976.8.16	平武小河	7.2
1976.8.23	松潘	7.2
1999.9.14	绵竹	5.0
1999.11.3	绵竹	5.0
2008.5.12	汶川地震	8.0

2.3.4　岷山断块南缘活动与汶川地震

岷山断块瓶颈效应导致龙门山中段第四纪推覆活动最为强烈，前寒武纪的彭灌杂岩被逆冲覆于三叠系须家河组之上，强大的推挤导致山前凹陷形成并接受来自岷江等大量的固体物质，形成著名的成都平原，第四纪堆积厚度达 300 余米，凹陷盆地东缘龙泉山一带对冲断褶（赵小麟等，1994）。因此，龙泉山断隆与龙门山中段空间上有很好的对应性，成生上有着密切关系。

对于灌县—安县断裂的活动性已有大量的研究资料，周荣军（2006）在大邑县青石坪沿该断裂开挖的探槽中，揭示出 2 次古地震事件，最新一次发生的 ^{14}C 年龄为（3830±220）～（1170±100）a BP。在彭州菩萨堂开挖的剖面上，灌县—安县断裂发育于洪积砂砾石和灰色、灰黑色的黏土夹碎石（断塞塘沉积）之间，由 2 条次级断裂组成，断面光滑，具有清晰的斜擦痕。断裂断错了 TL 年龄为 14.30±0.11ka BP 的地层，表明该断裂自晚更新世晚期以来仍有较强烈的活动。沿该断裂于1327年和1970年分别发生过6级和6.2级地震。在距成都市区70～80km 的大邑双河（西岭镇）青石坪探槽场地，揭示出 ^{14}C 年龄为距今 860±40～930±40a，折算年份为公元1090±40～1020±40 年最晚一次古地震事件；公元 942～953 年 4～5 月，成都、华阳一带记载了 11 次地震事件，其中记载破坏较重的有两次，这两次地震对成都市区的破坏应达到Ⅵ～Ⅶ度。陈国光等（2007）认为，龙门山断裂带中段是晚更新世以来强烈的活动段，历史上发生过多次中强地震，现代小震呈带分布，因而具备发生强震的构造条件。

龙门山构造带多数段落为全新世活动断裂，北川—映秀断裂为主要活动断裂。北川—映秀断裂具有全新世活动性，仅有的 2～3 个探槽也揭示出史前强震的地质记录。龙门山构造带仅有 3～4 次 6.5 级以上强震，最大地震为 1657 年汶川 6.5 级地震，判定的断裂潜在地震能力在 7.0 级左右。

从历史地震和成都平原考古发现可以看出，岷山隆起南段两条断裂第四纪活动明显，与川西平原巨厚的堆积及大邑—绵阳一带众多灾变事件有很好的对应关系。根据前述的岷山隆起带南缘特大地震复发周期，汶川地震应该是三星堆灾变事件以来又一次重大事件，无数的崩塌、滑坡及 246 个堰塞湖（规模巨大的有 60 余个）可以断定在生产力落后的古代，地震及震后次生灾害对沿河集镇及山口集镇几乎是毁灭性的。

地球物理探测与地质分析均认为岷山隆起南部 3 条断裂向深部收敛，在壳内低速层归并成同一滑脱面，岷山隆起带南缘的应力积累导致南缘的映秀—北川断裂和灌县—安县断裂应力高度集中，成为孕震断裂。根据汶川地震震源参数（震中牛眠沟，震源深度 19km），首先前山断裂发生破裂。岷山隆起瓶颈式锁固具有平面上前小后大，剖面上下小上大的特点，由于南北两侧的夹击和向东部收口，隆起带南界活动首先应该是逆冲提供位移空间后才能发生右旋走滑。因此，汶川地震在岷山隆起带南缘以垂直逆冲为主，兼有很小的走滑分量。应力状态的瞬时变化和强大的应变能释放，驱动位于震源上方的映秀—北川断裂联动并出现大规模地表破裂。破裂迅速向北东方向扩展，在东侧边界北川一带遇阻并出现累进性破坏，释放巨大应变能。

岷山隆起南缘逆冲后，锁固瞬时被取消，来自西侧的强大的推挤力迅速传向隆起东侧的平武-青川断块（震前由于岷山隆起带的屏障作用处于较低应力环境），使昔日平静的青川断块及其龙门山北段余震不断。与此同时，岷山隆起西侧边界南段因岷山隆起的东移，应力状态发生了明显变化，应力调整导致两侧块体沿边界活动,结果是余震沿鱼子溪电站闸址—理县间频繁活动,汶川地震余震空间分布呈"√"形。

2.3.5 汶川地震宏观震中

1. 震中修正的必要性

汶川地震已过去多年,但一些科学问题仍然没有定论,如汶川地震宏观震中问题。中国地震台网公布的汶川地震微观震中为北纬31.01°,东经103.42°,震源深度14km。震中地表投影点对应映秀镇牛眠沟莲花菁沟,紧贴映秀—北川断裂带。震后调查公认的发震断裂为映秀—北川断裂,该断裂为倾北西的逆冲断裂,倾角45°～55°。这样,微观震中、震源与断裂的产状在空间上无法吻合,震后关注汶川地震的博硕研究生及本科生对此提出质疑。李志强等(2008)认为汶川地震宏观震中与传统的宏观震中不同,是一组点,即汶川地震有多个震源,沿断裂走向展布,汶川县漩口镇蔡家杠村是宏观震中在西南端的起点,中间经由汶川县映秀镇、银杏乡,都江堰市虹口乡北部,彭州市小鱼洞镇北部、龙门山镇北部,什邡市红白镇北部,到绵竹市清平乡截止,跳过安县,再由北川县擂鼓镇起至漩坪乡、北川县曲山镇、陈家坝乡,平武县平通镇、南坝镇北部截止,宏观震中区是一条狭长的中间断开的线或窄带;乔建平等(2013)对汶川地震宏观震中进行研究,认为汶川大地震应该有两个大的宏观震中,一是映秀镇牛圈沟,为映秀极震区宏观震中,坐标位置为31.0456°N,103.4556°E;二是北川老县城,为北川极震区宏观震中,坐标位置为31.8637°N,104.3610°E;郑韵等(2015)认为微观震中和宏观震中的偏离是现阶段震后烈度快速判定亟待解决的问题,微观震中是地震破裂的初始点在地表的投影,并不一定是地震破裂最大地区的中心,而宏观震中是极灾区的几何中心,两者之间可能存在偏离。只有从震源区中心开始的对称破裂型地震,两者才较为吻合。显而易见,北西倾的映秀—北川断裂并不是对称型破裂,宏观震中与微观震中存在的偏离似乎是必然的。如此颇受关注的问题开展必要讨论是必要的,本节拟通过极震区广泛的地表调查,对汶川地震宏观震中进行进一步讨论,这有助于未来强震条件下防灾减灾的部署。

2. 考虑震源深度的宏观震中偏移估算

既然映秀—北川为发震断裂,震源深度14km,按断层倾角50°推算,地下始破裂(震源起点)应该在该断层地表出露点北西水平距离10km左右的位置,地形图上该点投在渔子溪河右岸大阴沟(坐标位置为31°05′28″N,103°22′45″E,图2.12),而牛眠沟仅仅是断层地表破裂起始点,这两点间存在一个巨大的破裂面。该面在向北东向破裂过程中引起其地面投影的条带发生强烈震动,该带的影响力远远超过地表破裂的影响力。

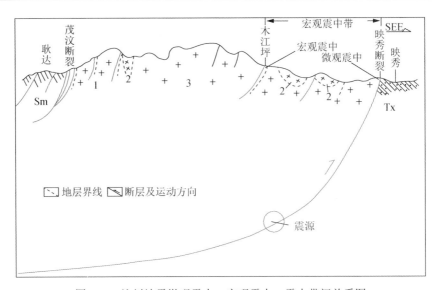

图 2.12 汶川地震微观震中、宏观震中、震中带间关系图

Sm. 茂县群千枚岩；Tx. 须家河组砂页岩系；1. 花岗岩；2. 辉长岩；3. 闪长岩

若将震源看作点状震源，该系列震源点的地面投影也在断层上盘且距断层地表出露线北西侧的数千米处，前人分析的多个震源点可以看作破裂过程中遇到的锁固段，该点阵深埋地下十余千米，与地表破裂点并不重合（只有近直立的走滑断层才会重合）。这也是逆冲断裂地震与走滑型地震较大的差别之一，这一点在前人的文献里强调的不多。

若将震源看作一个带（面状震源），震源带即为长 260km、宽 15 余千米的断面带，地表投影为长 260km、宽近 10km 的震中带。这样，从始破裂位置（牛眠沟—大阴沟）开始向青川东河口—石板滩，构成一个北东向延伸的窄长条带状。

3. 考虑地表次生灾害发育程度的震中偏移估算

极震区地表次生山地灾害遥感解译及地表调查揭示，地表次生山地灾害崩塌、滑坡无论是规模还是灾害密度并不是沿地表破裂带对称分布的，主要分布于中央断裂带上盘。准确地说，是沿地表震中带密集成带发育，该带内几乎囊括了汶川地震巨型、特大型滑坡与崩塌，如牛眠沟滑坡、黄粱沟滑坡、老虎嘴滑坡、谢家店子滑坡、唐家山滑坡、大光包滑坡、东河口滑坡、石板滩滑坡等。黄润秋等（2009）将这一沿发震断裂上盘异常集中现象称为上盘效应，这种现象很可能是震中带型逆冲兼走滑特大地震对应的次生灾害的具体表现。

在汶川地震极震区最后修复（历时 8 年）的公路是沿渔子溪河展布的映秀—卧龙路，河床抬高近 30m，物源主要来自河流左岸，现有的地震位置很难解释这一异常现象。将宏观震中（震源）修正为老阴沟，很多地表破坏现象就好解释了。首先，地表震裂破坏最严重的是渔子溪河下游河段左岸几条支沟，如肖家沟,而且顺着地震波传播方向(背坡)破坏最严重。相比之下,鱼子溪河右岸,地表震裂破坏相对较轻(迎坡),只有黄粱沟与渔子溪河小角度相交,滑坡崩塌严重,但破坏还是位于背坡一侧(图 2.13)。岷江干流映秀—草坡段,左右岸崩塌形成鲜明对比,右岸为震中区的背坡,崩塌强烈,密度及规模均大于左岸(图 2.14 和图 2.15)。

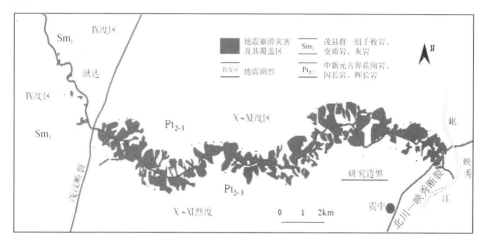

图 2.13 渔子溪下游崩塌分布

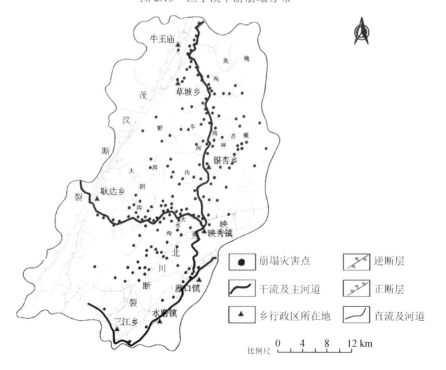

图 2.14 汶川地震震中崩塌点分布

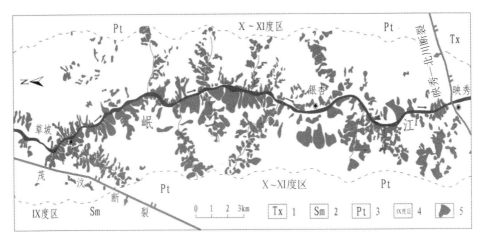

图 2.15 岷江干流映秀—草坡段崩塌分布

1. 三叠系须家河组；2. 志留系茂县群；3. 元古界花岗岩；4. 地震裂度；5. 崩塌灾害点

4. 讨论

汶川地震震源始破裂点对应的地面投影是渔子溪河右岸大阴沟，即狭义的震中，而汶川地震的广义震中是一个延绵 260km、宽约 10km 的震中带。牛眠沟是地表破裂起始点，严格来讲，该点并不是汶川地震的宏观震中。

汶川地震另一个特点是有多条逆冲断层发生了同震活动，如中央断裂上盘小木岭断层发生了 0.5m 逆冲错动，前山断裂主断层发生了 2~3m 的逆冲错动，前山断裂与中央断裂之间的逆冲断层也发生了位错，导致紫平铺隧洞、桃关隧洞等隧洞底部、边墙及顶部破坏，而且与逆冲断层配套的北西向断层在白水河大桥处发生正断错动。这些同震活动使次生灾害的发育更加复杂化。

这些基本参数的讨论有利于对叠瓦状逆冲断层触发次生山地灾害的认识，为类似地震的防灾减灾积累经验。

2.3.6 小结

通过上述分析，本节可以得出如下几点结论：①岷山隆起带是川西北一个重要的构造单元，单元内的隆升幅度大于周边地区；②特定的构造格局决定着岷山隆起带具有瓶颈效应，导致其边界及内部应力高度集中，成为地震频发地区；③19 世纪以前，地震主要在隆起带北缘、东西缘活动，1879 年北缘附近的文县 8.0 级大地震激发了岷山隆起带新一轮大规模的逆冲兼走滑活动，地震由北向南迁移，汶川大地震正是在这种背景下由南界灌县—安县断裂发生大规模的逆冲兼走滑活动所导致的；④位于震源上方的映秀—北川断裂受牵动出现强烈的同震活动；⑤岷山隆起带锁固的解除导致高应力向东传递，致使青川及龙门山构造带北段余震不断；⑥今后余震将在隆起带南缘、青川及鱼子溪—理县一带发生。

第 3 章　地震作用下斜坡地震动监测研究

3.1　斜坡地震动监测研究的启动

2008 年"5·12"汶川大地震导致大量斜坡地质灾害，调查显示，强震区的斜坡破坏有别于因暴雨、人类工程活动等一般常见因素诱发的斜坡灾害，其启动时间短、响应机理复杂、运动速度快、破坏性强等特征使得对斜坡地震灾害的灾变过程认识较难。然而，斜坡的地震破坏在空间上（平面及河谷剖面上）具有一定的分布规律：集中分布在地形突出部位，呈现出明显的地形放大效应，有别于平原区等一般场地的地震动响应特征。为了认识斜坡地震动响应过程的放大效应特征，获取其放大系数范围和放大效应的控制影响因素，从而揭示斜坡地震动放大规律，基于汶川主震后大量余震及较长的衰减周期，在中国地质调查局地质调查工作项目"川西深切河谷斜坡地震动评价技术研究"和"西南重大地质灾害预警区划"及国家自然科学基金项目"深切河谷强震作用下斜坡地震动响应"和创新研究群体科学基金项目"西部地区重大地质灾害潜在隐患早期识别与监测预警"等项目的资助下，从 2009 年初开始，成都理工大学地质灾害防治与地质环境保护国家重点实验室斜坡地震动研究组先后选定了龙门山断裂带北段青川—平武断裂带通过的青川县东山—狮子梁斜坡、靠近安宁河断裂带的石棉县南桠河两岸斜坡、鲜水河断裂带附近的泸定县冷竹关沟斜坡、泸定县磨西镇摩岗岭斜坡等典型斜坡作为野外大型观测场地。其间通过对野外斜坡观测场地的监测，获取了大量科学试验数据，为定量化认识斜坡动力放大效应提供了必要的证据，同时为斜坡动力稳定性评价奠定了基础。

震后地震诱发斜坡地质灾害调查研究表明，斜坡破坏以中上部为主，动力响应特点主要集中在一定相对高程以上斜坡突出部位，具有明显的地形放大效应，基于此监测点布置分别考虑了斜坡坡脚、中高程、高高程等变化特点，根据斜坡的高程及斜坡地形特征设置不同的监测台。

3.2　斜坡地震动监测点分布

斜坡地震动响应监测点空间分布既考虑了汶川主震后大量余震向龙门山断裂带北段集中迁移的特点（大量余震震中位于青川—平武断裂带上），又考虑了川西地区鲜水河断裂、安宁河断裂的强震活动规律,其已经进入强震活动周期并可能发生强震活动,因此斜坡地震动响应长期监测点的布置分布在Y字形构造断裂带上(图3.1三角点)。与此同时,结合流动性监测点对汶川余震、突发性芦山地震等地区典型斜坡地震动响应进行了监测,分别在青川桅杆梁、绵竹九龙镇、芦山仁加村等处布置了相应的斜坡地震动观测台站(图3.1圆点),各监测点平面分布位置如图3.1所示。

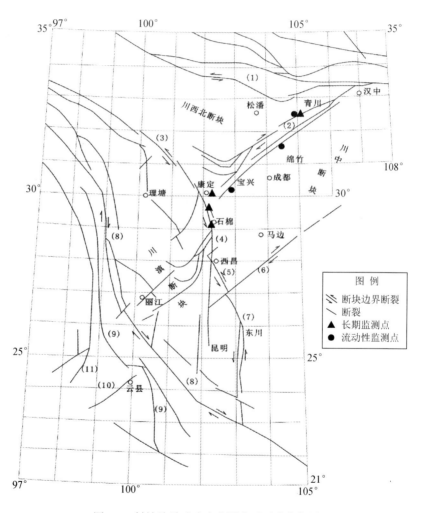

图3.1 斜坡地震动响应监测点平面分布位置

(1)托素河—玛沁断裂;(2)龙门山断裂;(3)鲜水河断裂;(4)安宁河断裂;(5)则木河断裂;(6)莲峰断裂;(7)小江断裂;(8)金沙江—红河断裂;(9)澜沧江断裂;(10)南汀河断裂;(11)怒江断裂

3.3 斜坡地震动监测剖面概况

3.3.1 青川县东山—狮子梁监测斜坡

1. 监测区工程地质条件概况

青川县东川—狮子梁监测区地处青川县城，区内地质情况如图 3.2 所示。青川县乔庄镇（图 3.2）处于青川—平武断裂带上，属于龙门山主断裂之一。青川—平武断裂在县城中主要由 3 条分支断裂组成断裂束，分别为南支、中央及北支断裂，3 条断裂均为逆冲断层，总体上沿 N70°E 走向穿过县城主城区，该断裂带的总体产状为 N70°E/NW∠65°。断裂破碎带大多较疏松，且未被胶结物充填，片理化强烈，糜棱化严重，呈塑性揉皱状，炭化度较高。断裂带南缘为印支期松潘—甘孜地槽褶皱系基础之上发展出来的川西北断块东端的摩天岭断块，断裂以北为西扬子大陆边缘推覆褶断构造。经过县城的青川—平武断裂的 3 条分支断裂的地质特征并不相同，其中，北支断裂沿麒麟观—东桥一线发育，在地貌上主要表现为直线型沟谷-垭口，其总体产状为 N65°～86°E/NW∠45°～69°，断裂带宽度大于 7m，其岩性主要为揉皱片状构造岩；南支断裂沿东山—青川中学，并经武装部一带发育，为逆断层，断层上盘为碧口群（AnDbi）厚层状白云质灰岩，岩层产状为 N70°E/NW∠45°，逆冲于下盘茂县群（Sh）千枚状片岩之上，岩层产状为 N75°E/SE∠21°，断裂破碎带主要由片状岩与构造透镜体构成，岩体片理与透镜体的轴面走向近 N44°E，其断面擦槽的侧伏角近 E∠7°，该断裂总体产状为 N72°E/NW∠79°；中央断裂主要沿道观—城郊村叶家盖组一带发育，其地貌特征主要表现为较为发育的沟槽，其破碎带宽度约为 4m，其破碎带岩性主要为碎砾岩与构造角砾岩，断裂带内存在次级断面，其次级断面的走向为 N23°E，倾角接近直立。

汶川地震后，青川—平武断裂受龙门山主断裂带的影响，出现了同震破裂；之后，汶川地震的强烈余震活动出现了明显向青川—平武断裂迁移的趋势，从 2008 年至今，青川县发生超过 4.0 级的地震多达 30 多次。

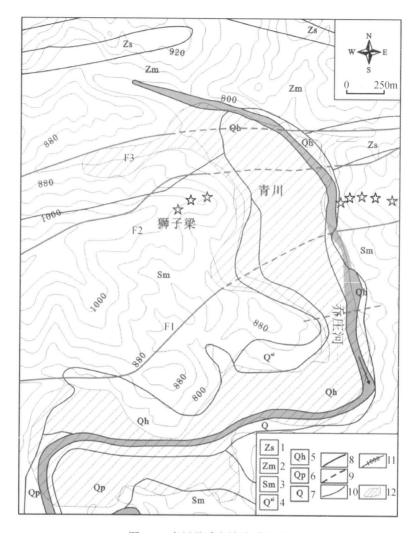

图 3.2 青川县乔庄镇地质略图

1. 水晶组;2. 木座组;3. 茂县群;4. 第四系河漫滩;5. 第四系全新统;6. 更新统;7. 第四系;
8. 青川断裂;9. 推测断裂;10. 地层界线;11. 等高线;12. 主城区;F1. 平武—青川断裂南支断层(逆断层);F2. 平武—青川断裂中央断层(逆断层);F3. 平武—青川断裂北支断层(逆断层)

平武—青川断裂南支断层贯穿东山西侧斜坡坡脚,经现场调查,青川东山—狮子梁斜坡表层岩体较破碎,节理裂隙比较发育。采用测线法对斜坡节理进行调查,在斜坡基岩出露且节理较发育处布置4条测线,共测得节理53组,其典型结构面测量结果如表3.1所示,结构面等密度图如图3.3所示,其玫瑰花图如图3.4所示。

表 3.1 典型结构面测量结果

露头位置	N: 32°35′11.50″; E: 105°14′43.69″; H: 1003m				测线编号		①
测线方位	312°∠0°		删节长度	0.5m	测线长度		3m
序号	结构面类型	与焦点位置/m	结构面方位		半迹长/m	隙宽	坡向260°
			倾向	倾角			视倾角
1	节理	0.4	3°	62°	0.5	闭合	−23
2	节理	0.8	5°	60°	0.6	闭合	−24
3	节理	1.0	104°	30°	1.5	闭合	−28
4	节理	1.25	20°	51°	1.2	闭合	−32
5	节理	1.7	240°	34°	1.3	闭合	32
6	节理	2.0	305°	42°	1.0	闭合	32
7	节理	2.25	280°	40°	1.2	闭合	38
8	节理	2.3	14°	70°	1.3	闭合	−48
9	节理	2.4	275°	45°	1.2	闭合	44
10	节理	2.7	3°	57°	1.3	闭合	−19
11	节理	2.85	347°	49°	1.0	闭合	3
12	节理	3	315°	36°	1.0	闭合	23

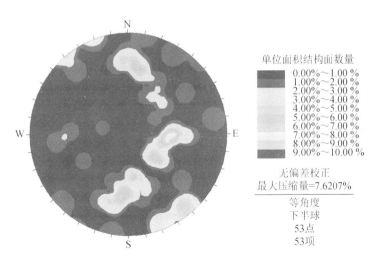

图 3.3 结构面等密度图

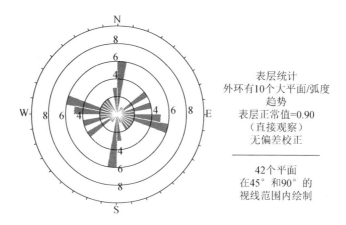

图 3.4 结构面玫瑰花图

青川东山—狮子梁斜坡走向近东西向（图 3.5），东山斜坡位于县城乔庄河左岸 [图 3.6（a）]，受青川—平武断裂带南支及中支断层构造的影响，呈一断片山体辖于二者之间，呈单薄山体形状，沿山脊轴向长约 350m，宽 2～3m，山脊最窄处宽约 1.5m，南北两侧均为陡崖，西侧斜坡坡度趋于 35°～60°，地形较陡，山顶最高处海拔大于 1078m，相对河谷高差约 298m。斜坡南侧的南支断层断面出露产状 N72°E/NW∠79°，其上盘出露碧口群（AnD*bi*）厚层状白云质灰岩逆冲于下盘茂县群（S_1mx）千枚状片岩之上。

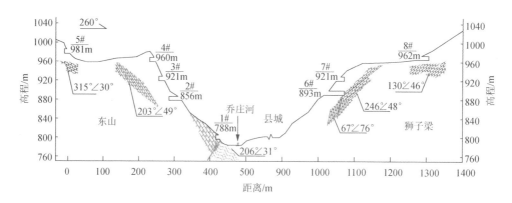

图 3.5 青川东山—狮子梁斜坡走向及地震动监测剖面

狮子梁斜坡位于县城乔庄河右岸 [图 3.6（b）]，尽管同样受青川—平武断裂带南支及中支断层的影响，但山体较宏大，东西轴向长约 1450m，南北宽约 400m，南侧、北侧及东侧均为陡坡，坡度均在 60°以上，山顶高程约 962m，相对河谷高程约 180m。出露地层主要有志留系茂县群黄坪组下段（S_1mx^1），其

（a）东山斜坡　　　　　　　　　　　（b）狮子梁斜坡

图 3.6　青川东山—狮子梁斜坡地形地貌

岩性为粉砂质千枚岩夹变质砂岩板岩；震旦系水晶组（Zs），其岩性为白云质灰岩等。

2. 监测点工程地质条件特征

青川东山—狮子梁斜坡共设置了 8 个监测点（图 3.5），各监测点设计长 15m，其中东山斜坡 5 个，分别位于高程 788m、856m、921m、960m、981m；狮子梁斜坡 3 个，分别位于山腰高程 893m、921m 及山顶高程 962m。

1#监测点位于东山坡脚 788m 处，距离乔庄河面高约 6m，出露茂县群（S_1mx）千枚状片岩，岩体强风化，岩体卸荷裂隙发育，岩体呈碎块状。2#监测点位于东山山腰 856m 处，距离乔庄河面高约 89m，出露碧口群（$AnDbi$）厚层状白云质灰岩，岩体强风化，节理裂隙发育，岩体呈碎裂状。3#监测点位于东山斜坡坡肩处，高程为 921m。3 个监测点位于东山斜坡中下部，其位置在东山斜坡上近直线分布，其斜坡坡度约为 45°。4#监测点位于东山山顶 960m 处，距离乔庄河面高约 178m，出露碧口群（$AnDbi$）厚层状白云质灰岩，岩体强风化，岩体呈碎块状、碎裂状，结构面锈染，基岩裂隙水较发育，硐壁较潮湿。5#监测点高程为 981m，位于斜坡山脊与东山主山体接触转折山坳部位。6#监测点位于狮子梁山腰 893m 处，距离乔庄河面高约 111m，出露碧口群（$AnDbi$）厚层状白云质灰岩，岩体强风化，节理裂隙发育，岩体呈碎裂状，该监测点位于潜在滑塌体内，监测点揭露硐壁岩体夹有 10~20cm 泥化夹层，暴雨条件下导致监测点内壁坍塌。7#监测点高程为 921m，位于狮子梁山腰平台处。8#监测点位于狮子梁山腰 962m 处，距离乔庄河面高约 180m，出露碧口群（$AnDbi$）厚层状白云质灰岩，岩体强风化，节理裂隙发育，岩体呈碎块状。

3.3.2 青川县桅杆梁监测剖面

1. 监测区工程地质条件概况

桅杆梁位于青川县主城区的西南侧,属轻微切割低山地貌(图3.7)。山体长约650m,总体为呈北西西—南东东走向的条形山体。山脊为向南南西凸出的弧形,顶部高程约998.5m,坡脚高程约785m,相对高度约118m;桅杆梁条形山体东、西两端相对较缓,坡度10°~20°;南、北两侧相对较陡,南侧总体坡度30°~35°,北侧总体坡度40°~45°,整个山体呈"孤峰"状。桅杆梁斜坡物质主要由残坡积粉质黏土,以及下伏强—中风化千枚岩、石英片岩等组成。

图3.7 桅杆梁地形地貌

2. 监测点工程地质条件特征

青川桅杆梁斜坡共设置了3处监测点,其中0#监测点作为参考点,位于乔庄河对岸;2#监测点位于坡体中下部;1#监测点位于坡顶,各监测点均位于地表(图3.8)。现将各监测点的位置和出露岩性分述如下。

0#监测点位于乔庄河左岸,高程为785m,距离乔庄河面高约5m,地基为碎石土及二级阶地砂卵砾石层,厚度约为3m,土层较松散。

2#监测点位于桅杆梁斜坡中下部,高程为805m,距离乔庄河面高约25m,出露茂县群(S_1mx)千枚岩、石英片岩,岩体中—强风化,岩体裂隙较发育。该监测点布置于居民两层楼房下的楼梯过道下方,地面平整。

1#监测点位于桅杆梁斜坡靠近山顶处,高程为875m,设置在宝莲寺旁的斜坡陡坎附近,基岩出露为茂县群(S_1mx)千枚岩、石英片岩,岩体全—强风化,手可掰碎,岩体裂隙较发育。该监测点设置处地面平整,距离陡坎约20cm。

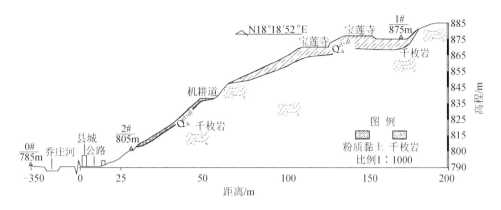

图 3.8 桅杆梁斜坡地表地震动监测剖面图

3.3.3 绵竹市九龙镇山前监测斜坡

1. 监测区工程地质条件概况

绵竹市位于四川盆地西北部，其西部属龙门山隆起褶带的一部分，地貌形态的区域差异十分明显，根据其区域地貌类型不同，可分为侵蚀深-中切割陡峻高、中山地貌区，侵蚀峰丛-洼地峡谷中低山地貌区，沿山台地-平坝二级阶地地貌区，东南部山前一级阶地冲洪积扇状平原地貌区。监测区位于绵竹市九龙镇清泉村（图 3.9），属沿山台地-平坝二级阶地地貌区，高程为 770~910m，斜坡地形坡度 12°~18°。

图 3.9 绵竹市九龙镇清泉村地形地貌

5 个次级构造单元构成了区内的地质构造格架（图 2.10），控制了区内的地形地貌、地层构造、变质、沉积建造及岩浆建造的发育与展布，同时也控制了区内地质灾害的发育与分布。监测区位于四川盆地西北部龙门山推覆构造的金花推覆体与前陆盆地过渡斜坡地带（图 3.10）。汶川地震中前山晓坝—金花断层在监测区逆冲并出露地表，导致九龙镇清泉村斜坡区地震灾害严重。

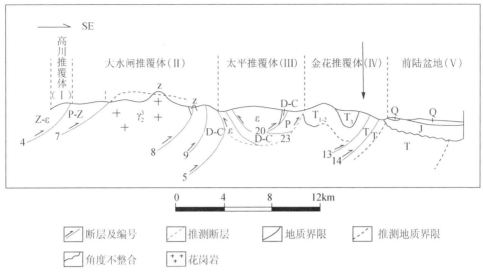

图 3.10 监测区地质构造剖面示意图

监测区第四系覆盖层主要以残坡积夹少量洪积及冲洪积为主,下伏三叠系须家河组泥页岩、粉质砂岩、岩屑砂岩等。盆地测点为冲洪积层,以灰褐色、褐黄色含砾(碎)石粉质黏土、泥质砂砾卵石层为主。地下水以碎屑岩裂隙水为主,通常为重碳酸盐淡水,其运动方向与地形一致,由西北向东南流经。

2. 监测点工程地质条件特征

绵竹市九龙镇共布置了 3 处监测点,其中 1#监测点位于较平坦的冲洪积平原上,2#监测点位于斜坡的中下部,3#监测点位于中上部(图 3.11)。

现将各监测点的位置和出露岩性分述如下:

1#监测点位于山前冲洪积平原上,高程为 776m,地势较平缓,主要由褐黄、褐灰色粉质黏土加块碎石组成[图 3.12(a)和(b)],可塑-硬塑,块碎石最大粒径为 30cm,一般为 4~8cm,占 5%~10%,厚度大于 5m,地下水埋深约 2.0m。

2#监测点位于斜坡中部,高程为 873m,场地平缓,监测点外陡坎等微地貌不发育,主要由残坡积褐色、褐黑色粉质黏土夹少量块碎石组成,块碎石最大粒径为 30cm,覆盖层厚 2~3m[图 3.12(c)和(d)]。汶川地震中监测点附近房屋建筑倒塌破坏,水泥路面开裂,下埋水管上翘折断。

3#监测点位于斜坡中上部平台处,高程为 908m,距平台外临空面最近距离约 20m,场地主要由建筑杂填土及块碎石组成,厚 0.5~2m,下伏基岩为砂泥岩[图 3.12(e)和(f)]。汶川地震中监测点附近房屋建筑物朝西侧方向倒塌，屋基地面发育直径约 2m，深约 1m 的塌陷，据户主介绍塌陷坑内均"泡土"（松散土），屋外水泥地面开裂及茶亭矮墙错裂［图 3.12（g）和（h）］，地震灾害严重。

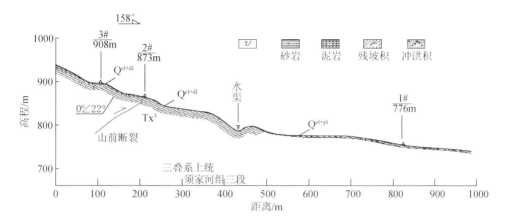

图 3.11　绵竹市斜坡地震动监测剖面

（a）1#监测点山前冲洪积平原

（b）1#监测点冲洪积粉质黏土夹块碎石

（c）2#监测点及外缘微地貌特征

（d）2#监测点坡积层

图 3.12　各监测点场地工程地质条件

(e) 3#监测点及外缘微地貌特征

(f) 3#监测点下伏砂泥岩

(g) 3#监测点水泥地面开裂

(h) 3#监测点茶亭矮墙错裂

图 3.12（续）

3.3.4 芦山县仁加村电站进水口监测剖面

1. 监测区工程地质条件概况

芦山县位于四川盆地西南部，其西部属龙门山隆起褶带的一部分，地貌形态的区域差异十分明显，根据其区域地貌类型不同，可分为侵蚀深-中切割陡峻高、中山地貌区，侵蚀峰丛-洼地峡谷中低山地貌区，沿山台地-平坝二级阶地地貌区。监测区位于芦山县仁加村中山地貌斜坡中下部地段，任加电站进水口边坡，属沿山台地-平坝二级阶地地貌区，高程为 700～820m，斜坡地形坡度 20°～30°。区域内断层构造发育，主要出露林盘-杨开断层、小关子断层、大川断层等断层，芦山地震的发震断裂为大川断层（图 3.13）。根据发震断层在双石峡上峡谷出口地表破裂特征显示，断层走向近北东，以逆冲为主，其中北西盘错动垂直位移为 10cm［图 3.14（a）］，南东侧公路内侧排水沟护壁受挤压形成弧形弯曲，张开约 30cm。破裂面下盘水泥路面受推挤形成反翘，覆盖在上盘之上形成反阶坎，反翘范围 0.7～0.8m，与此同时，沿着断层破裂面形成一系列喷水冒沙现象［图 3.14（b）］（罗永红等，2013）。

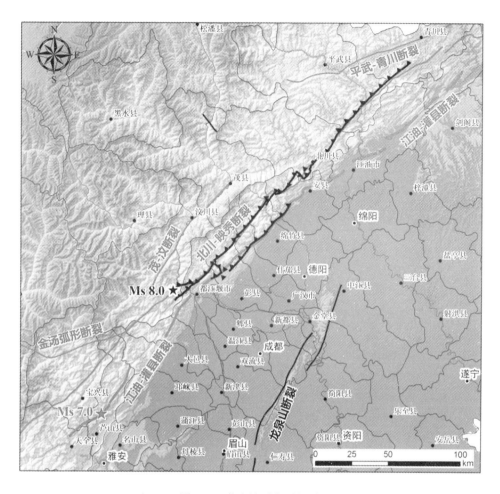

图 3.13 芦山地震发震断裂

(a) 双石峡上峡谷出口地表破裂特征

(b) 大川发震断裂带沿线喷水冒沙现象

图 3.14 断层错动破裂现象

2. 监测点工程地质条件特征

芦山地震发生后，成都理工大学地质灾害防治与地质环境保护国家重点实验室依托中国地质调查局工作项目，在芦山县清仁乡仁加村布置了1个震后余震监测剖面（图3.15），开展斜坡强震动监测研究。监测点均设在仁加电站内，距"4·20"芦山地震发震断裂带的大川—双石断裂仅4.1km，为龙门山断裂带南端。为了对余震进行捕捉，揭示斜坡不同高程地震加速度差异及芦山地震斜坡地震响应的影响因素，分别在河右岸高程718m、723m、728m、755m和804m的山体表面展布有5台地震监测仪（图3.16～图3.20）。

图3.15 仁加村震后余震监测剖面（镜头方向230°）

图3.16 1#地震监测点　　　　　　图3.17 2#地震监测点

图 3.18　3#地震监测点

图 3.19　4#地震监测点

图 3.20　5#地震监测点

清仁乡仁加村监测剖面走向 290°，仁加电站后山位于河流右岸，电站后方是成片的微切割中低山地貌，山脊最窄处约 10m。坡脚高程 720m，附近山峰高程 1390m，地形高差 670m，平均坡度 38°，局部为陡崖。

监测剖面地处深切峡谷地区，出露岩性为名山组含砾砂岩、不等粒砂岩（Em^{ps}），地表受风化、河谷深切卸荷作用，强度较低，发育有 1.0～2.0m 厚的强风化层。其中 1#地震监测仪位于河流右岸，高程为 718m，属河谷地带，上覆第四系冲洪积层，覆盖层下挖 0.5m 深凹槽后将拾振器固定黏接；2#地震监测仪位于仁加电站内，高程为 723m，后侧为人工开挖的垂直陡坎，出露约 5m 厚名山组砂砾岩，中—强风化，拾振器位于陡坎下厚 5cm 水泥地面上；3#地震监测仪位于仁加电站发电机房旁边，高程为 728m，为一人工砌筑的水泥平台，下连名山组含砂砾岩，拾振器位于平台地面上；4#地震监测仪位于电站后山山腰台阶上，高程为 755m，基岩为含砂砾岩，岩体中风化；5#地震监测仪位于电站后山水闸室内，高程为804m，基岩为名山组含砂砾岩，上铺5cm左右厚水泥，拾振器直接与闸室内水泥地面相连（图3.21）。

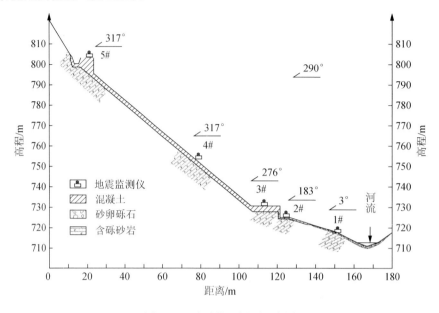

图3.21　地震监测剖面示意图

清仁乡仁加村监测剖面监测仪器采用中国地震局工程力学研究所与成都理工大学地质灾害防治与地质环境保护国家重点实验室研制的G01NET-Ⅰ型山地斜坡动力响应监测仪，与941B型三分量加速度计（图3.22）配套使用，并配有专门的G01NET数据分析软件（图3.23）。G01NET-Ⅰ型山地斜坡动力响应监测仪为3通道/6通道同步数据采集仪，其主要技术指标如表3.2所示，941B型三分量加速度计的主要技术指标如表3.3所示。

图3.22　941B型三分量加速度计

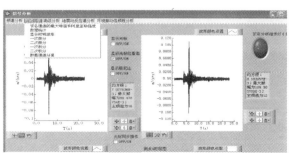

图3.23　G01NET数据分析软件

表 3.2　G01NET-I 型山地斜坡动力响应监测仪的主要技术指标

指标名称	指标数值
转换精度	24 位
动态范围/dB	≥110
采样率可设置范围/(Hz/每通道)	1~6000
输入量程/V	−10~+10
输入通道数/道	3、6
输入阻抗/Ω	1M
抗振/g	≥3
触发低通滤波器	20Hz 截止频率

表 3.3　941B 型三分量加速度计的主要技术指标

通频带/Hz	灵敏度/[(V·s)/m]	量程/g	分辨率/g
0.25~100	0.3	−2~+2	5×10^{-6}

3.3.5　泸定县冷竹关监测斜坡

1. 监测区工程地质条件概况

四川地处中国西部地区，位于青藏高原的东缘，地形地貌复杂，中高山和深切峡谷纵横分布。特殊的地理位置导致区域内地质构造发育，中国的几大地震活跃断层也在其通过，地震活动较为活跃，特别是近几年来，2008 年 5 月 12 日龙门山中央断裂带（映秀—北川断裂）发生 Ms 8.0 级地震，2013 年 4 月 20 日双石—大川断裂发生 Ms 7.0 级地震，2014 年 11 月 22 日鲜水河断裂发生 Ms 6.3 级地震，2014 年 11 月 25 日鲜水河断裂发生 Ms 5.8 级地震，川西地区进入地震的活跃期。根据汶川地震以来的地震迁移趋势，鲜水河断裂带地震活动趋于活跃。因此，利用川西这一特殊时期，将位于鲜水河断裂带附近的泸定冷竹关岩质斜坡剖面作为天然实验场，研究不同结构特征、坡形岩质斜坡在不同地震震级、传播方向等因素下的动力响应规律特征。

根据场地地形地貌、工程地质条件及施工条件，在冷竹关沟两岸岩质斜坡不同高程布置了 7 个监测点。其中 1#~5#监测点通过现场爆破开挖，洞深均≤15m；6#和 7#监测点则引用了冷竹关水电站的引水隧洞，洞深均为 200m，如图 3.24 所示。在 1#~5#监测点均放置 1 台地震监测仪，放置位置距洞口约 10m 处；6#监测点分别在洞深为 1m、21m、43m、66m 和 99m 处共安置了 5 台地震监测仪；7#监测点分别在洞深为 57m、74m、110m、135m、168m 和 199m 处共安置了 6 台地震监测仪，如图 3.25 所示。

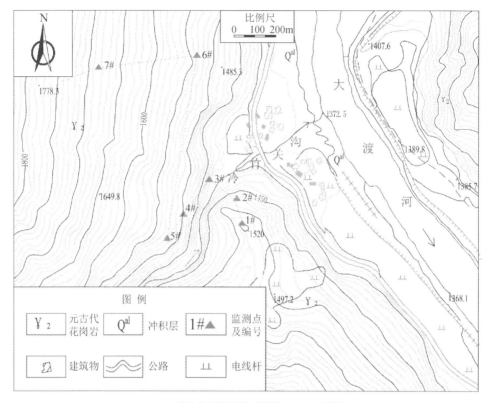

（a）冷竹关斜坡地震动监测点分布平面图

（b）冷竹关斜坡地震动监测点分布遥感影像图

图 3.24　冷竹关斜坡地震动监测点分布平面图和遥感影像图

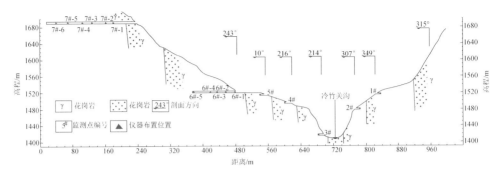

图 3.25　冷竹关监测剖面图

2. 监测点工程地质条件特征

经过现场地质调查，冷竹关沟右岸监测剖面为一"半岛状"孤立山脊，山脊走向为 15°～25°，山脊宽度 50～1000m 不等。山脊东侧斜坡呈直线型，坡度 35°～55°，高差约为 100m，坡表为块碎石夹黏土，植被为灌木，覆盖率为 60%；山脊北侧和东侧为陡崖，坡度接近垂直，局部反倾，高差约为 80m，表层基岩出露；山脊南侧紧靠浑厚山体，坡度由缓变陡，山体高差达到 1000m 以上，植被为乔木，覆盖率达 80%。整体上右岸斜坡呈现出陡—缓—陡的变化趋势，共安置了 2 台地震监测仪：1#监测点布置于山脊较缓处平台，2#监测点位于斜坡直线段。

冷竹关沟右岸监测剖面整体上呈直线型，坡向近东向，坡度 30°～40°，高差达到 1000m 以上，为典型的中高山斜坡地貌，坡表植被主要为灌木和杂草；斜坡南侧被冷竹关沟切割，形成高 60～80m，接近于垂直的陡崖，基岩出露。右岸监测剖面共布置了 5 个监测点，3#监测点位于斜坡的坡脚，冷竹关沟的左岸；4#监测点位于斜坡直立段与较缓段的坡折部位；5#监测点位于斜坡坡度由陡转缓的过渡带；6#监测点位于中高山直线型斜坡的中部；7#监测点位于中高山直线型斜坡的上部。

通过现场开挖平硐和对附近岩体的调查，各个监测点的场地和岩体结构特征如下：

1#监测点（图 3.26）高程为 1516m，拔河高度约为 100m，硐径方向为 100°，平硐深约 15m。出露第四系残坡积物（Q_4^{el+col}）和康定杂岩（Pt），岩性分别为块碎石土夹黏土、花岗岩。块碎石土呈土灰色，粒径集中在 40～100cm，占 60%，20～40cm 占 30%，其余占 5%，次棱角状，堆积杂乱；土呈土黄色，稍湿，中密，占 5%。花岗岩体呈灰白色，风化程度为强—中风化，节理裂隙较为发育，主要有 2 组：J1，产状为 218°∠42°，15 条 / 3.8m，未张开，无充填；J2，产状为 32°∠56°，10 条 / 2m，未张开，无充填。

图 3.26 1#监测点

2#监测点（图 3.27）高程为 1478m，拔河高度约为 62m，硐径方向为 322°，平硐深约 8m。出露康定杂岩（Pt），岩性为花岗岩，呈灰白色、铁锈色，风化程度为强—中风化，岩体较为破碎，洞口可用镐开挖，节理裂隙较为发育。

图 3.27 2#监测点

3#监测平硐（图 3.28）高程为 1419m，拔河高度约为 3m，硐径方向为 19°，平硐深约 20m。出露康定杂岩（Pt），岩性为花岗岩，呈青褐色，风化程度为中风化，节理裂隙较为发育，发育有 4 组节理：J1，产状为 86°∠82°，10 条 / 1.1m，未张开，无充填；J2，产状为 12°∠88°，6 条 / 1.1m，未张开，无充填；J3，产状

图 3.28 3#监测点

为 200°∠18°，7 条 / 2m，未张开，无充填；J4，产状为 311°∠58°，5 条 / 2m，未张开，无充填。

4#监测点（图 3.29）高程为 1494m，拔河高度约为 78m，硐径方向为 231°，平硐深约 10m。出露第四系残坡积物（Q_4^{el+col}）和康定杂岩（Pt），岩性分别为块碎石土、花岗岩。块碎石土呈土黄色，粒径集中在 30~80cm，占 50%，20~30cm 占 30%，其余占 10%，次棱角状，堆积杂乱；土呈灰白色，干燥，松散，占 10%。花岗岩，呈青灰色，风化程度为强—中风化，节理裂隙发育，岩体结构较为破碎。

图 3.29 4#监测点

5#监测点（图 3.30）高程为 1520m，拔河高度约为 102m，硐径方向为 38°，平硐深约 15m。出露岩层为康定杂岩（Pt），岩性为花岗岩，呈青灰色，风化程度为强—中风化，节理裂隙发育，主要发育有 3 组节理：J1，产状为 210°∠18°，

6条/2m，未张开，无充填；J2，产状为120°∠78°，10条/3m，未张开，无充填；J3，产状为328°∠72°，6条/3m，未张开，无充填。

图3.30　5#监测点

6#监测点（图3.31）高程为1518m，拔河高度约为104m，硐径方向为152°，平硐深约200m。出露岩层为康定杂岩（Pt），岩性为花岗岩，呈青灰色，风化程度为中—微风化，节理裂隙发育，主要发育有3组节理：J1，产状为40°∠30°，5条/2m，未张开，无充填；J2，产状为290°∠55°，8条/2m，未张开，无充填；J3，产状为10°∠70°，6条/3m，未张开，无充填。

图3.31　6#监测点

7#监测点（图3.32）高程为1686m，拔河高度约为270m，硐径方向为140°，平硐深约200m。出露岩层为康定杂岩（Pt），岩性为花岗岩，呈青灰色，风化程度为中—微风化，节理裂隙发育，主要发育有3组节理：J1，产状为47°∠27°，5条/3m，未张开，无充填；J2，产状为276°∠59°，7条/2m，未张开，无充填；J3，产状为355°∠67°，6条/3m，未张开，无充填。

图3.32　7#监测点

根据上述描述和统计，得出各监测点的基本特征参数，如表3.4所示。

表3.4　冷竹关监测点基本特征参数

监测点编号	高程/m	与谷底高差/m	距洞口距离/m	经度	纬度	场地特征	仪器类型
1#	1516	100	2	102°09′28.18″	30°02′58.16″	基岩	E-Catcher
2#	1478	62	1	102°09′29.06″	30°03′03.06″	基岩	E-Catcher
3#	1419	3	4	102°09′26.37″	30°03′7.14″	基岩	EDR-X7000
4#	1494	78	1	102°09′23.06″	30°03′5.31″	基岩	E-Catcher
5#	1520	102	2	102°09′21.07″	30°03′3.76″	基岩	E-Catcher

续表

监测点编号	高程/m	与谷底高差/m	距洞口距离/m	经度	纬度	场地特征	仪器类型
6#-1	1518	104	1	102°09′24.06″	30°03′20.7″	基岩	G01NET-3
6#-2			21				G01NET-3
6#-3			43				E-Catcher
6#-4			66				G01NET-3
6#-5			99				G01NET-3
7#-1	1686	270	57	102°09′14.46″	30°03′19.08″	基岩	E-Catcher
7#-2			74				G01NET-3
7#-3			110				G01NET-3
7#-4			135				G01NET-3
7#-5			168				G01NET-3
7#-6			199				G01NET-3

3. 监测仪器及数据处理

本次监测采用国内及日本先进仪器,各种仪器的型号及技术指标如下。

(1)国内地震监测仪器型号及技术指标

本次地震监测仪器采用中国地震局工程力学研究所与成都理工大学地质灾害防治国家重点实验室共同研发的 G01NET-3 型结构与斜坡地震动响应监测与速报仪,仪器主要由传感器和数据采集仪组成,如图 3.33 所示,其技术指标如表 3.5 所示。

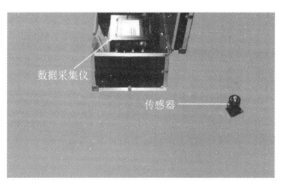

图 3.33　G01NET-3 型结构与斜坡地震动响应监测与速报仪

表 3.5　G01NET-3 型结构与斜坡地震动响应监测与速报仪技术指标

技术指标	参数值/说明
输入通道数量	15 通道,差分/单端输入
输入量程	−10～+10V
分辨率	0.005mV

续表

技术指标	参数值/说明
采样频率（每通道）	1～200Hz，任意设置
存储容量	标准的 16G SD 卡
动态范围	≥110dB
程控放大	1 倍、10 倍、100 倍、1000 倍
尺寸	250mm×250mm×220mm
外部接口	2 个串口（配串口转网口模块），1 个 USB 口，1 个 T-USB 口
触发功能	软触发
触发截止频率	默认 20Hz，可设置
数据存储格式	文本格式
数据分析	配套 G01NET 信号处理和分析软件

（2）日本 EDR-X7000 地震观测仪型号及技术指标

日本 EDR-X7000 地震观测仪为日本株式会社目前最新研制产品，其具有低消耗电能、大容量、长期间观测、高精度时刻、小型轻量化等特点，如图 3.34 所示，技术指标如表 3.6 所示。从表 3.6 可知，EDR-X7000 主要用于监测微小地震，求场地的特征周期，可以和其他型号仪器相辅相成，弥补不足。

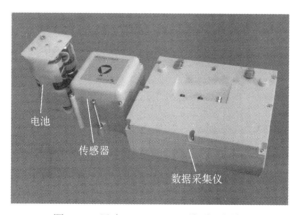

图 3.34　日本 EDR-X7000 地震观测仪

表 3.6　EDR-X7000 地震观测仪技术指标

技术指标	参数/说明	技术指标	参数/说明
线圈阻抗	1CH（上下）：7.3kΩ	衰减系数	1CH（上下）：33k
	2CH（北南）：7.5kΩ		2CH（北南）：33k
	3CH（东西）：7.5kΩ		3CH（东西）：33k
固有频率	1CH（上下）：2Hz	灵敏度	1CH（上下）：0.89V/（cm/s）
	2CH（北南）：2Hz		2CH（北南）：0.87V/（cm/s）
	3CH（东西）：2Hz		3CH（东西）：0.87V/（cm/s）

（3）日本 E-Catcher 地震监测仪型号及技术指标

E-Catcher 地震监测仪是日本应用地震计测株式会社生产的，传感器和采录仪集于一体，并有相关配套软件进行现场数据采集。其具有体积小、安装简单、低电耗、可靠度高等特点，其外观如图 3.35 所示，主要技术指标如表 3.7 所示。

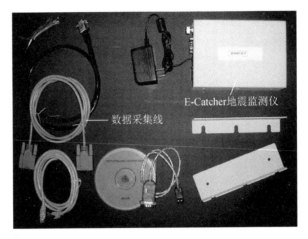

图 3.35　日本 E-Catcher 地震监测仪

表 3.7　E-Catcher 地震监测仪主要技术指标

技术指标	指标数值/说明
加速度分量	3 分量（水平 2，垂直 1）
测量范围	2000Gal（垂直震动 1000Gal）
灵敏度	1V/G
频率范围	DC 20Hz（-3dB）
模/数转换	有效位数 16 位
噪声指标	不足 3Gal
接口	标准配置：LAN，RS 232C
触发等级	3～999Gal（3 成分的 OR）
预触发器	15s（固定）
内存	最多存储相当于 56 个文件的数据
尺寸规格	125mm×175mm×54mm，质量 1.38kg
地震计管理	标准通信软件
功耗	AC 100V/3.5W

4. 斜坡地震监测记录特征

泸定冷竹关地震动监测剖面自建成运行以来，监测剖面共记录 3 次地震，分别为 2013 年 4 月 20 日芦山 Ms 7.0 级地震、2014 年 11 月 22 日康定 Ms 6.3 级地震及 2014 年 11 月 25 日康定 Ms 5.8 级地震，各个监测点共计强震动监测记录达到 23 条。各次地震主要震源参数如表 3.8 所示。

表 3.8 各次地震主要震源参数

事件编号	时间	震级	参考位置	经度/(°)	纬度/(°)	震源深度/km	震中距/km
1	2013-04-20 08:02:00	Ms 7.0	芦山	103.00	30.30	13	85.7
2	2014-11-22 16:55:25	Ms 6.3	康定	101.70	30.30	18	52.1
3	2014-11-25 23:19:07	Ms 5.8	康定	101.70	30.20	16	47.1

注：相关地震参数来源于地震科学数据共享中心。

3.3.6 泸定县磨西镇摩岗岭监测斜坡

泸定县磨西镇位于甘孜藏族州泸定县南部，地处贡嘎山风景区东坡，海螺沟冰川森林公园入口处。磨西镇距成都约 304km，距泸定县 52km，距康定市约 70km。泸定县摩岗岭监测台站位于大渡河右岸泸定县得妥乡金光村彩虹桥上游，距离下游的大岗山坝址约 31.2km。

1. 监测区工程地质条件概况

磨西镇监测区出露基岩元古界（Pt）及震旦系（Z）晋宁期花岗岩及花岗闪长岩，灰白色，弱风化。地表覆盖有第四系更新统（Q_p）与全新统（Q_h）的堆积物。第四系土层成因类型较复杂，有冰碛层（Q^{gl}）、冰水沉积层（Q^{fgl}）、冲洪积层（Q^{al+pl}）、崩坡积层（Q^{cl+dl}）、残坡积层（Q^{el+dl}）、人工填土与弃土（Q^{ml}），局部地段分布有滑坡堆积层（Q^{del}）。

监测区大渡河右岸发育摩岗岭崩滑体，该崩滑坡体长约 650m，宽约 700m，平均厚度 120m，体积约 2400 万 m³，总体沿 NEE—SWW 方向展布，前缘高程约 1110m，后缘高程 1450m，滑向 105°。摩岗岭滑体斜坡总体地貌呈上缓下陡坡，高程 1110～1350m 为坡度大约 50°，高程 1350～1450m 为滑坡平台，坡度 5°～10°。

2. 监测点工程地质条件特征

泸定县磨西镇大渡河两岸现场观测共设置了 5 个监测点，其中河流右岸摩岗岭共布置 3 个监测点，分别位于高程 1849m、1250m 和 1150m；左岸娇子坪共布置 2 个监测点，分别位于高程 1224m 和 1980m（图 3.36 和图 3.37）。

图 3.36　摩岗岭监测区遥感图

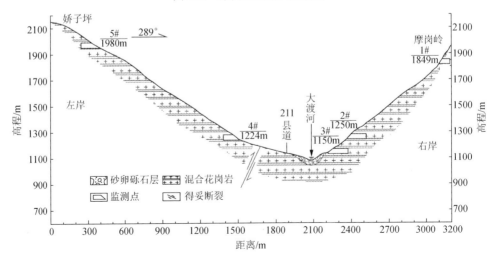

图 3.37　摩岗岭地震监测剖面

1#监测点位于大渡河右岸高程 1849m，硐深 7m，距离河面高差约 729m，出露第四系残坡积物，硐口走向近 EW 方向。

2#监测点位于大渡河右岸高程 1250m，硐深 15m，距离河面高差约 130m，出露岩性为灰白色的花岗岩，硐轴走向 133°。

3#监测点位于大渡河右岸高程 1150m，硐深 15m，距离河面高差约 30m，出露岩性为花岗岩或花岗闪长岩，节理裂隙较发育，岩石较破碎，坡向 85°，硐轴走向 68°。

4#监测点位于大渡河左岸高程 1224m，硐深 15m，距离河面高差约 104m，出露岩性为花岗岩及闪长花岗岩，节理裂隙较发育，岩石较破碎，坡向 85°，硐轴走向 68°。

5#监测点位于大渡河左岸高程 1980m，硐深 15m，距离河面高差约 870m，出露岩性为第四系残坡积黏土，硐轴走向近 NS。

3.3.7 石棉县南桠河两岸监测斜坡

石棉县位于四川省西南部，大渡河中游，北与泸定县相邻，南东与凉山彝族自治州的冕宁县、越西县相连，西与甘孜藏族自治州的九龙县相通，东与汉源县比邻。地处扬子地台西缘，属龙门山—锦屏山造山带中段，全县地处横断山脉，多呈南北纵列，地势西南部高，东部低。

1. 监测区工程地质条件概况

监测区位于石棉县南桠河两岸，左岸出露岩体主要为花岗岩（γ_2^2）及第四系残坡积（厚 4~7m）；右岸出露为流纹斑岩、石英斑岩夹流纹质凝灰岩（Za^{s-k}）等，以及第四系残坡积。监测区为中山地貌，高程为 900~1400m，地形坡度 25°~38°（图 3.38）。

2. 监测点工程地质条件特征

石棉县南桠河两岸斜坡现场观测共设置了 5 个监测点（图 3.39），各监测点长 15m，其中左岸老熊岭共 3 个监测点，分别位于高程 907m、1003m、1151m；右岸鸡公山共 2 个监测点，分别位于高程 987m 和 1165m。

1#监测点位于鸡公山高程 1165m，距离南桠河面高约 270m，出露流纹斑岩、石英斑岩夹流纹质凝灰岩（Za^{s-k}），微—中风化，节理裂隙发育，岩体呈块状、碎块状。

2#监测点位于鸡公山高程 987m，距离南桠河面高约 92m，出露流纹斑岩、石英斑岩夹流纹质凝灰岩（Za^{s-k}），微—中风化，岩体呈块状。

图 3.38 石棉县 V 形谷地形地貌及监测点布设位置

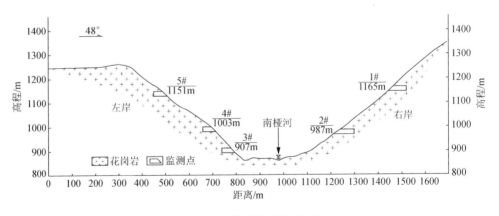

图 3.39 石棉县地震监测剖面

3#监测点位于老熊岭高程 907m,距离南桠河面高约 12m,出露花岗岩(γ_2^2),微—中风化,岩体呈块状。

4#监测点位于老熊岭高程 1003m,距离南桠河面高约 108m,出露花岗岩(γ_2^2),强—全风化,岩体呈碎裂状、砂状。

5#监测点位于老熊岭高程 1151m,距离南桠河面高约 256m,出露花岗岩(γ_2^2),微—中风化,岩体呈块状。

3.4 监测仪器简介

从强震动观测角度而言，地震观测系统中地震信号的检测是用地震计来完成的。地震计是接收地面运动的一种传感器，主要利用惯性摆来感受地面运动并将地面运动转换为电压信号输出。本次青川等地区监测采用 941B 型拾振器，属于动圈往复式，其原理如图 3.40 所示，图中 K_m 为微型拨动开关。

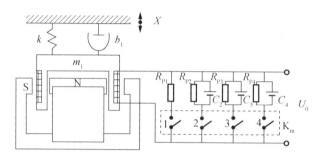

图 3.40 拾振器原理

当微型拨动开关的开关 1 接通时，动圈式往复摆的运动微分方程为

$$m_1\ddot{x} + b_1\dot{x} + kx = -m_1\ddot{X} \tag{3.1}$$

式中，m_1 为摆的运动部分质量；$\ddot{x}$、$\dot{x}$、x 分别为摆的加速度、速度和位移；b_1 为阻尼系数；k 为簧片的刚度；$\ddot{X}$ 为地面运动的加速度。

此时，电阻 R_{P1} 的阻值较小，故阻尼常数 $D_1 \geqslant 1$，拾振器的运动部分构成速度摆，即摆的位移与地面运动的速度成正比，拾振器构成加速度计，它的输出电压与地面运动的加速度成正比，其加速度灵敏度为

$$S_a = m_1 R_{P1} / \mathrm{BL} \tag{3.2}$$

式中，BL 为机电耦合系数。

当微型拨动开关 2、3 或 4 接通时，摆的运动微分方程为

$$(m_1 + M_1)\ddot{x} + b_1\dot{x} + kx = -m_1\ddot{X} \tag{3.3}$$

式中，M_1 为并联电容后的当量质量。

此时，由于线圈回路的电阻较大，因此，$D_1 < 1$，当 $M_1 \gg m_1$ 时，拾振器的速度灵敏度为

$$S_V = m_1 / \mathrm{BL} \cdot C \tag{3.4}$$

式中，C 为电容器的电容量。

数据采集系统按功能分为硬件和软件两个部分。数据采集硬件的主体一般为一块采集卡，其主要功能就是把传感器输出的模拟信号（一般是电压信号）变成数字信号；数据采集软件主要是控制采集卡按照设置参数来工作、读取采集卡转换后的数据进行实时分析、保存等工作。

941B型拾振器（图3.41）是一种用于超低频或低频振动测量的多功能仪器，不需要电源，它主要用于地面和结构物的脉动和强震（地震）测量、一般结构物的工业振动测量、高柔结构物的超低频大幅度测量和微弱振动测量，其频带范围为0.25～100Hz，灵敏度为0.3[（V·s^2）/m或（V·s）/m]，最大量程为-2g～+2g，分辨率为5×10^{-6}g。

G01型数据采集分析仪（图3.42）转换精度为24位，动态范围≥110dB，采样率可设置范围为1～6000Hz每通道，通道间相互独立，无任何干扰，可输入量程为-10～+10V，输入阻抗为1MΩ，抗振范围≥3g。

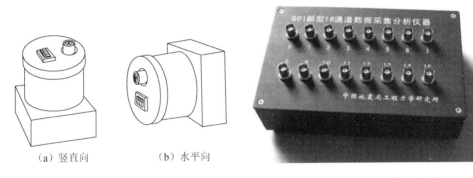

（a）竖直向　　　（b）水平向

图3.41　941B型拾振器　　　　　图3.42　G01型数据采集分析仪

此外，在泸定县冷竹关、泸定县磨西镇等地区，本次地震监测选用日本应用地震计测株式会所生产的E-Catcher地震监测仪，仪器主要指标为：灵敏度1V/G，最大量程2000Gal，三分量（水平2，垂直1），周波数范围为DC 20Hz（-3dB）。

3.5　监测数据特征

各斜坡地震动监测点共监测包括汶川余震、"4.20"芦山Ms 7.0地震主震、"11.22"康定Ms 6.3级主震等在内的地震280余次，95%以上以有感地震为主（震级大于3.0级，小于4.5级），中强震占约3.5%（震级大于4.5级，小于6.0级），各地震动监测台站基本信息特征如表3.9所示。

表 3.9 各地震动监测台站基本信息特征

地点	监测仪器类型	监测性质	开展时间	监测余震	备注	
青川县榍杆梁	G01NET-I	流动监测	2009年1月~9月初	100次	>Ms4.5	2次
					ML 3.0~Ms 4.5	23次
					<ML 3.0	75次
青川县东山—狮子梁	G01NET-I	监测点长期监测	2009年9月~至今	125次	>Ms 4.5	3次
					ML 3.0~Ms 4.5	23次
					<ML 3.0	99次
绵竹市九龙镇清泉村山前斜坡	G01NET-I	流动监测	2009年8月中旬~2010年7月下旬	32次	>Ms 4.5	2次
					ML 3.0~Ms 4.5	22次
					<ML 3.0	8次
泸定县冷竹关沟斜坡两岸	EDR-X7000 E-Catcher G01NET-3	监测点长期监测	2010年6月~至今	3次	>Ms 6.0	2次
					ML 3.0~Ms 6.0	1次
					<ML 3.0	0次
泸定县磨西镇大渡河两岸	G01NET-I	监测点长期监测	2010年6月~至今	2次	>Ms 6.0	1次
					ML 3.0~Ms 6.0	1次
					<ML 3.0	0次
石棉县两岸斜坡	E-Catcher	监测点长期监测	2010年6月~至今	0次	>Ms 4.5	0次
					ML 3.0~Ms 4.5	0次
					<ML 3.0	0次
芦山县仁加电站进水口边坡	G01NET-I	流动监测	2013年4月~6月30日	27	>Ms 4.5	6次
					ML 3.0~Ms 4.5	19次
					<ML 3.0	2次

注：ML 为近震震级，Ms 为面波震级，各次震级统计参照国家地震科学数据共享中心公布数据，下同。

3.6 小 结

斜坡地震动响应监测点分别布置在青川东山—狮子梁、青川榍杆梁、绵竹九龙镇、芦山仁加村、泸定县冷竹关、泸定县磨西镇摩岗岭及石棉县南桠河两岸等处。分布在 Y 字形构造断裂带上，在空间上既考虑了汶川主震后大量余震向龙门山断裂带北段集中迁移的特点（大量余震震中位于青川—平武断裂带上），又考虑了川西地区鲜水河断裂、安宁河断裂的强震活动规律，其已经进入强震活动周期并可能发生强震活动。同时，震后地震诱发斜坡地质灾害调查研究表明，斜坡破坏以中上部为主，动力响应以斜坡中上部突出部位最为突出，具有明显的地形放大效应。基于此监测点的布置还分别考虑了斜坡坡脚、中高程、高高程等变化特点，根据斜坡的高程及斜坡地形特征设置了不同的监测台。采用了 G01NET-I、G01NET-3、EDR-X7000 和 E-Catcher 4 种监测仪器记录地震波数据，各斜坡地震动监测点共监测到包括汶川余震、"4·20"芦山 Ms 7.0 地震主震、"11·22"康定 Ms 6.3 级主震等在内的地震 280 余次，95%以上为有感地震，中强震约占 3.5%。

第4章 斜坡地震动响应监测

4.1 斜坡地震动振幅放大效应特征分析

地震作用下斜坡地表的震动效应往往高于一般平坦场地,在地形地貌、岩土体性质、岩体结构、震动特性等因素的影响及控制作用下,斜坡地表的地震动振幅产生较为明显的放大效应,而震动放大到一定程度后又会直接导致斜坡岩土体的损伤及破坏。因此,开展地震动振幅放大效应特征分析具有重要的工程意义。地震动的研究中通常较关注地震动幅值、频谱、持续时间(以下简称持时)三要素,其中地震动幅值可以是地震动加速度、速度、位移三者之一的峰值、最大值或某种意义的有效值。早期人们用静力的观点看待地震动,着重认识到地震动幅值的重要性。地震动强震观测峰值加速度a_{max}是研究最多的量,其最大的优点是比较直观,应用方便,因而在地震工程领域中被广泛接受和应用。本章根据斜坡地震动监测资料,将重点对地震动峰值加速度进行分析。由于震动监测过程中难免会受到环境噪声等因素的干扰或影响,因此本章所有数据均进行了40Hz低频滤波处理。

4.1.1 青川县东山—狮子梁监测斜坡加速度放大效应特征分析

青川县位于四川盆地北部边缘,四川省、甘肃省和陕西省交界处,县城乔庄镇位于龙门山造山带与秦岭造山带的交汇部位,展布于乔庄河深切沟谷形成的近南北向狭长形二级阶地之上。青川县北部属摩天岭构造带高中山区,南部属龙门山,为中高山深切峡谷地貌区。东山斜坡位于青川县乔庄河左岸(图4.1),山体东西长约350m,山体单薄,山脊最窄处2~3m。坡脚高程约788m,附近山峰高程大于1078m,地形高差约为290m,坡度一般35°~60°,局部为陡崖。斜坡南侧为断层崖,断面产状出露,整个山体呈"丁"字形。

图4.1 东山斜坡地貌

青川县东山—狮子梁斜坡平硐监测剖面共监测了120余次汶川余震，由于各次地震振幅大小不一，导致各监测点传感器触发监测差异不同，斜坡各监测站共监测4.5级以上地震3次，3.0级以上地震23次，3.0级以下地震99次；最大震级Ms 5.2级（震中位于陕西省宁强县），最小震级ML1.3级；各次余震的震源深度均小于30km，属于浅源地震；最大震中距为45.68km，最小震中距为2.67km；典型余震主要参数如表4.1所示，代表性余震时程波形如表4.2所示。

表4.1 典型余震主要参数

编号	时间		震级	经度/(°)	纬度/(°)	震源深度/km	震中距离/km
1	2014-06-03	21:10:11.0	ML 1.8	105.26	32.56	2	3.452382
2	2014-06-03	12:01:51.9	ML 2.2	105.26	32.57	10	2.391501
3	2014-06-05	12:27:46.0	ML 2.7	105.24	32.60	21	1.11195
4	2014-06-10	09:25:19.8	ML 2.3	105.16	32.54	11	6.642274
5	2014-06-10	15:21:29.6	ML 2.3	105.16	32.57	17	4.161399
6	2014-06-10	07:54:15.7	ML 4.8	105.17	32.58	15	3.239508
7	2014-06-14	00:07:00.5	ML 2.2	105.16	32.56	14	4.876407
8	2014-06-14	20:27:33.1	ML 2.6	105.38	32.59	7	6.010991
9	2014-06-15	22:47:34.8	ML 2.7	105.16	32.55	13	5.719574
10	2014-06-15	18:08:03.0	ML 3.7	105.16	32.57	21	4.161399
11	2014-06-16	13:31:01.9	ML 2.6	105.16	32.56	10	4.876407
12	2014-07-29	17:09:37.1	ML 4.6	105.22	31.43	15	128.9956
13	2014-07-29	16:20:14.9	ML 4.9	105.24	31.46	15	125.6503
14	2014-08-09	14:53:42.7	ML 4.1	104.20	31.80	10	112.9506
15	2014-08-11	03:45:31.9	ML 3.2	105.15	32.57	14	4.538893
16	2014-08-12	17:17:03.7	ML 2.2	105.25	32.59	8	0.429654
17	2014-08-13	16:44:34.3	ML 1.6	105.30	32.56	8	4.271502
18	2014-08-22	03:29:36.1	ML 3.8	105.27	32.56	19	3.592727
19	2014-08-23	11:58:49.8	ML 3.5	105.05	32.70	3	14.08376
20	2014-08-25	13:14:55.8	ML 2.1	105.25	32.55	14	4.470465
21	2014-08-26	23:27:11.6	ML 2.9	105.13	32.52	19	9.305716
22	2014-08-29	20:16:58.9	ML 3.0	105.33	32.65	18	7.569506
23	2014-09-02	17:36:50.1	ML 2.4	105.31	32.57	8	3.797192
24	2014-09-07	05:36:08.1	ML 2.1	105.29	32.58	10	2.441453
25	2014-09-10	09:37:25.8	ML 2.2	105.21	32.53	11	6.812404
26	2014-09-12	03:47:09.0	ML 2.8	105.37	32.69	15	12.1351

续表

编号	时间		震级	经度/(°)	纬度/(°)	震源深度/km	震中距离/km
27	2014-09-12	22:12:36.9	ML 3.3	105.15	32.57	21	4.538893
28	2014-09-12	01:12:19.7	ML 3.9	105.38	32.69	13	12.28936
29	2014-09-13	04:57:37.9	ML 2.6	105.12	32.52	17	9.567429
30	2014-10-11	04:24:45.9	ML 2.7	105.36	32.61	10	5.498178
31	2014-11-03	16:34:13.3	ML 2.3	105.12	32.53	10	8.650986
32	2014-11-21	21:11:25.3	ML 2.0	105.26	32.60	6	1.398991
33	2014-12-09	19:28:48.4	ML 3.7	105.08	32.53	24	9.918983
34	2014-12-21	02:15:34.7	ML 3.6	105.10	32.45	20	17.03863
35	2014-12-25	18:21:03.0	ML 2.7	105.17	32.45	17	15.94823
36	2015-01-10	05:41:51.8	ML 2.4	105.12	32.53	11	8.650986

表 4.2 代表性余震时程波形

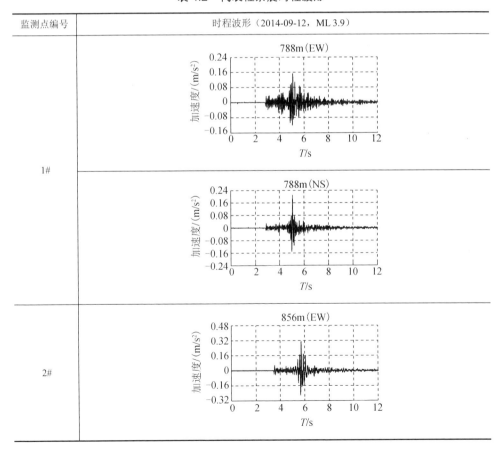

续表

监测点编号	时程波形（2014-09-12，ML 3.9）
2#	856m（NS）
3#	921m（EW）
3#	921m（NS）
4#	960m（EW）
4#	960m（NS）

续表

监测点编号	时程波形（2014-09-12，ML 3.9）
5#	981m(EW) 981m(NS)
6#	893m(EW) 893m(NS)
7#	921m(EW)

续表

监测点编号	时程波形（2014-09-12，ML 3.9）
7#	921m（NS）波形图
8#	962m（EW）波形图 962m（NS）波形图

监测点编号	时程波形（2014-12-21，ML 3.6）
1#	788m（EW）波形图 788m（NS）波形图

续表

监测点编号	时程波形（2014-12-21，ML 3.6）
2#	856m（EW） 856m（NS）
3#	921m（UD） 921m（NS）
4#	960m（EW）

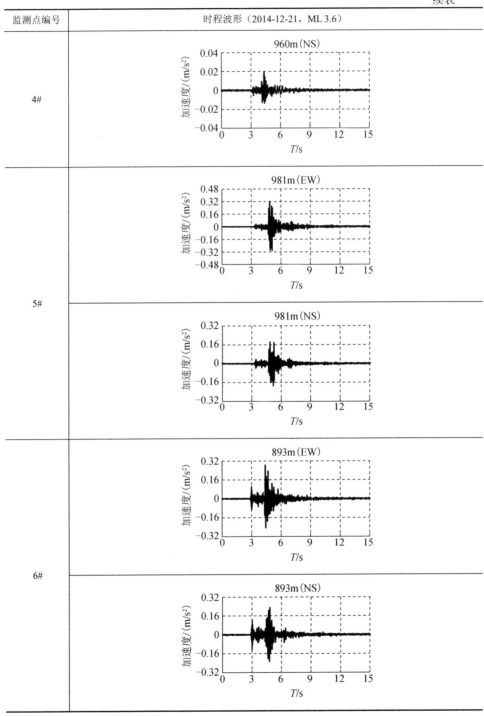

续表

监测点编号	时程波形（2014-12-21，ML 3.6）
7#	921m（UD） 921m（NS）
8#	962m（EW） 962m（NS）

各监测场地不同的动力响应特征主要通过地面峰值加速度（PGA）来进行分析。地震动的放大过程非常复杂，由于不同频率条件下的峰值加速度取决于地震的震级及震中距离等因素，因此峰值加速度的相对放大系数在场地共振频率作用下能够反映出震级变化。对比相同地震条件下的峰值加速度在不同监测点的记录，能够提供相对放大的证据。与此同时，在分析峰值加速度相对放大过程中存在一些普遍问题，由于各监测点因各种因素对同一次地震事件监测数据不完整，相同震级下的统计分析数据有限。为了克服该问题，课题组采用衰减模型对峰值加速度进行了修正。

Joyner 等（1981）基于 logPGA 的衰减函数关系及线性假定得到了函数关系

$$\log \text{PGA} = a + bM - \log\sqrt{D^2 + h^2} \tag{4.1}$$

式中，M 为震级事件；D 为震中距离；h 为震源深度。

通过进一步变化，可以得到函数关系式

$$\log \text{PGA}_r = \log \text{PGA} + \log\sqrt{D^2 + h^2} = a + bM \tag{4.2}$$

式中，$\log \text{PGA}_r$ 为峰值加速度随单位距离的衰减。

通过以上函数关系式可知，$\log \text{PGA}_r$ 表示与震级的函数关系特征，显示了地震能量沿线性方向的散射特征及不同台站路径的滞弹性衰减，但是由于场区各监测点非常接近，而且全是汶川主震后的余震事件（具有相似的形成机理），具有相似的散射特征。因此，衰减模型中的 a 和 b 线性函数关系在一定程度上可以间接反映出 $\log \text{PGA}_r$ 随着震级增加的放大特征（罗永红，2011）。

监测斜坡各监测点 $\log \text{PGA}_r$ 的散点值分布及回归线特征如图 4.2 所示。

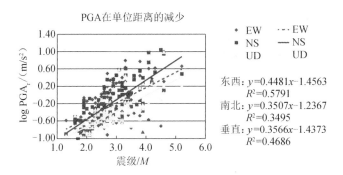

(a) 东山1#监测点水平及竖直分量($\log \text{PGA}_r$)散点值分布及回归线特征

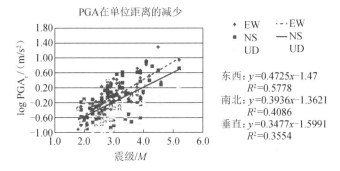

(b) 东山2#监测点水平及竖直分量($\log \text{PGA}_r$)散点值分布及回归线特征

图 4.2　监测斜坡各监测点 $\log \text{PGA}_r$ 的散点值分布及回归线特征

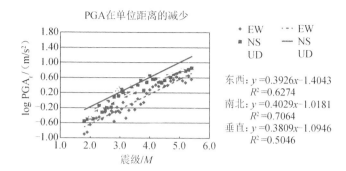

(c) 东山3#监测点水平及竖直分量(log PGA$_r$)散点值分布及回归线特征

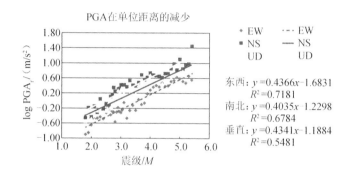

(d) 东山4#监测点水平及竖直分量(log PGA$_r$)散点值分布及回归线特征

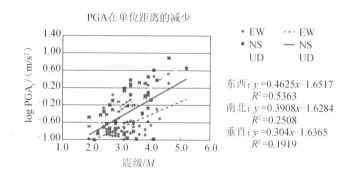

(e) 东山5#监测点水平及竖直分量(log PGA$_r$)散点值分布及回归线特征

图 4.2（续）

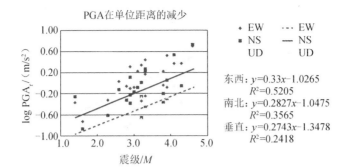

（f）狮子梁6#监测点水平及竖直分量（log PGA$_r$）散点值分布及回归线特征

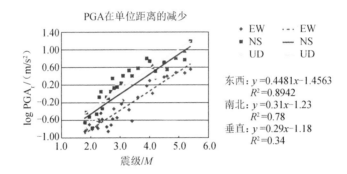

（g）狮子梁7#监测点水平及竖直分量（log PGA$_r$）散点值分布及回归线特征

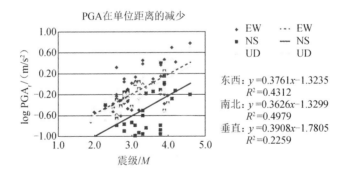

（h）狮子梁8#监测点水平及竖直分量（log PGA$_r$）散点值分布及回归线特征

图4.2（续）

对东山及狮子梁斜坡各监测点的 log PGA$_r$ 散点值及回归线进行初步分析，结果表明，各监测点相关系数（R^2）值均较低，表现出明显的散射特征，其隐含着长期的监测数据来源于不同的震源类型及传播路径的差异，即使在各监测点上的不同分量均表现出这样的散射特征。相对而言,线性回归表明2#、3#、5#、6#和7#监测点水平分量比竖直分量线性斜率趋势稍大,表明在水平向随震级增大的趋势放大更大;4#监测点表明竖直分量线性斜率趋势稍大于水平分量,其竖直向随震级增大的趋势放大较明显;8#监测点竖直与水平东西分量几乎平行,表明水平向及竖直向随震级增大的趋势较接近。

对比各监测点的$\log PGA_r$线性回归特征,2#在水平东西方向、4#在水平南北方向和竖直向的回归线变化趋势分别强于其他监测点。由此表明,随着地震震级增大,各监测点水平东西分量、南北分量及竖直分量的放大效应不同,因此在斜坡的不同高程将导致明显的动力响应差异特征,从而形成不同方向的变形及破坏特征。

选取呈"丁"字形的东山监测斜坡的4次比较完整的余震监测数据进行分析,其中最大震级为ML 3.8级,最小震级为ML 2.2级。所选地震事件震级较大,斜坡地震动力响应特征表现明显,并且震中均位于青川县,可以减少地震波受传播距离的影响。地震波峰值加速度响应特征如表4.3所示。

表4.3 地震波峰值加速度响应特征

余震事件-震级/震源深度/km	测量方向	峰值加速度/($\times 10^{-3}$m/s^2)					各监测点峰值加速度放大系数随高程的变化特征
		ds788	ds856	ds921	ds960	ds981	
2014.06.05-ML 2.7/21	EW	49.42	56.79	112.75	102.85	61.53	
	NS	35.32	38.06	88.69	87.37	42.06	
	UD	47.2	63.78	81.24	77.97	71.48	
2014.08.11-ML 3.2/14	EW	90.11	163.62	271.02	172.31	165.42	
	NS	85.23	119.86	395.59	282.54	175.53	
	UD	68.63	96.15	190.90	156.44	123.32	

续表

余震事件-震级/震源深度/km	测量方向	峰值加速度/(×10⁻³m/s²)					各监测点峰值加速度放大系数随高程的变化特征
		ds788	ds856	ds921	ds960	ds981	
2014.08.12-ML 2.2/8	EW	92.40	113.31	225.86	168.48	134.67	
	NS	62.82	87.18	202.26	193.40	135.69	
	UD	66.24	79.33	135.29	116.65	92.26	
2014.08.22-ML 3.8/19	EW	164.68	354.12	519.85	456.61	386.93	
	NS	157.83	431.21	601.22	587.36	548.87	
	UD	162.28	196.23	252.29	312.22	204.39	

注：震级、震源深度等参数来源于国家地震科学数据共享中心，"ds788"代表东山斜坡监测点高程为788m，"ds"代表东山，"788"代表高程，其余依此类推。

从表 4.3 中可以看出，在选取的各次地震监测数据中，各监测点峰值加速度的放大系数随高程的变化曲线呈上凸型（均以 ds788m 监测点为参照），其中监测点 3 处（ds921m 监测点）放大系数最大，地震波的放大系数最大可达 4.64。曲线中，当高程小于 921m 时，地震波加速度随高程增加而增大；当高程超过 921m 时，加速度随高程呈降低的趋势；在各次地震事件中，水平向加速度的放大系数绝大多数超过了同高程点的竖直向加速度。

地震波随高程放大符合地震波在介质中的传播规律。从现场调查发现，东山斜坡底部 3 个监测点都位于同一个单薄山脊上，山脊宽度变化不大，坡度近 45°；从监测点 3 开始，山脊宽度变宽，坡度降低，使得监测点 3 处于单薄山脊的突出部位。由于地震波在从岩体传到自由边界时，自由边界对其有反射作用，相对入射波放大 2 倍左右，当岩体位于突出部位时反射波具有汇聚现象，相互叠加后，使得岩体获得巨大的加速度；而当岩体位于凹陷部位时，反射波会出现发散现象，地震波不会出现相互叠加放大的现象。因此，处于突出部位的监测点 3 在地形作用下地震波加速度放大系数最大。

整个山体呈"丁"字形，监测点位于"丁"字形山体向外延伸的山脊上。在监测点 3 以上，山脊变宽，且随高程增加监测点离山体"丁"字形转折处越近，岩体所受水平两向约束力增大，导致地震波加速度放大系数降低。"丁"字形山体转折处所提供的约束力主要表现在水平向上，因而地震波在水平向上的加速度随高程的降低要快于竖直向加速度。

青川东山监测点 5 处于山脊转折部位的山坳处，其高程大于监测点 3，分析监测点 5 所记录的地震波数据并将其与监测点 1 对比，做出其峰值加速度放大系数曲线图，如图 4.3 所示（所选地震事件震级均大于 3 级）。

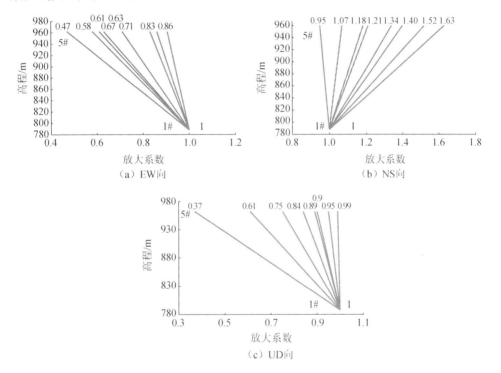

图 4.3　监测点峰值加速度放大系数曲线图

从图 4.1 和图 4.3 中可以看出，虽然监测点 5 的高程较监测点 1 高，但位于山坳处的监测点 5 各分量的峰值加速度并不如线型坡那样随高程而增大，反而沿山脊方向及竖直向的加速度分量比坡底监测点的加速度小，为坡底加速度的 40%～90%，出现衰减之势，仅垂直山脊方向的峰值加速度会出现略微放大。

4.1.2　青川县桤杆梁监测斜坡加速度放大效应特征

2009 年 5 月 13 日至 27 日，桤杆梁监测点对青川、平武等 2.8 级以上有感地震水平东西、南北及竖直向三分量地震波数据进行了采集。对监测到的地震波数据进行 40Hz 滤波处理，各典型监测余震数据时域波形及幅值谱（FFT）对比如表 4.4 所示。

表 4.4 各典型监测余震数据时域波形及 FFT 对比

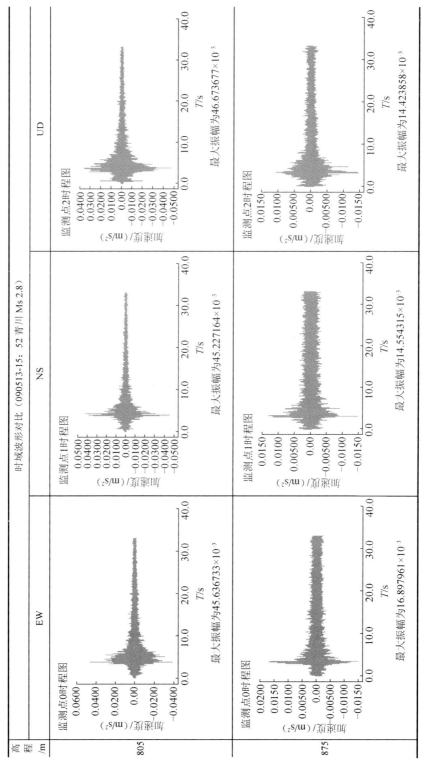

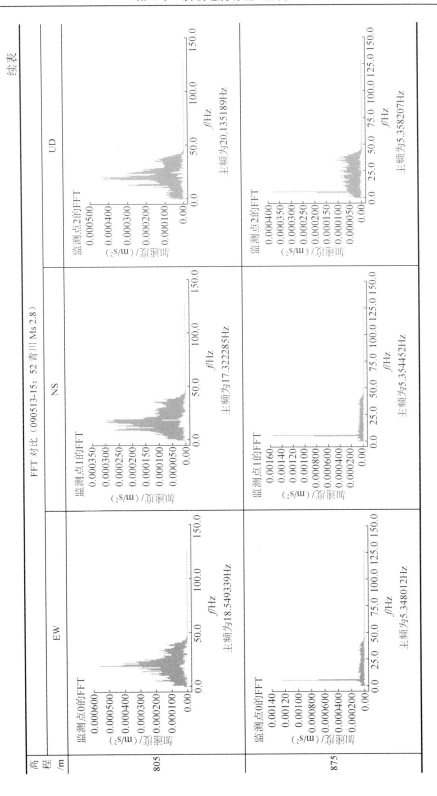

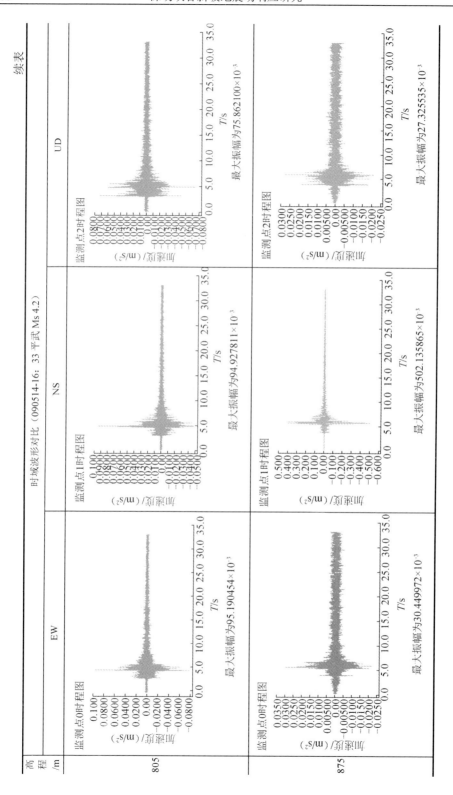

第 4 章 斜坡地震动响应监测

续表

高程/m	FFT 对比（090514-16：33 平武 Ms 4.2）		
	EW	NS	UD
805	监测点0的FFT，主频为22.027433Hz	监测点1的FFT，主频为17.850044Hz	监测点2的FFT，主频为17.505093Hz
875	监测点0的FFT，主频为5.199669Hz	监测点1的FFT，主频为2.912084Hz	监测点2的FFT，主频为5.180779Hz

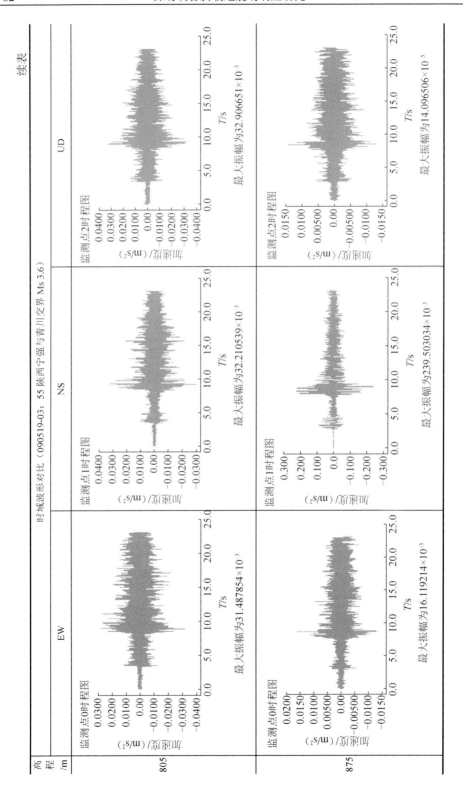

第4章 斜坡地震动响应监测

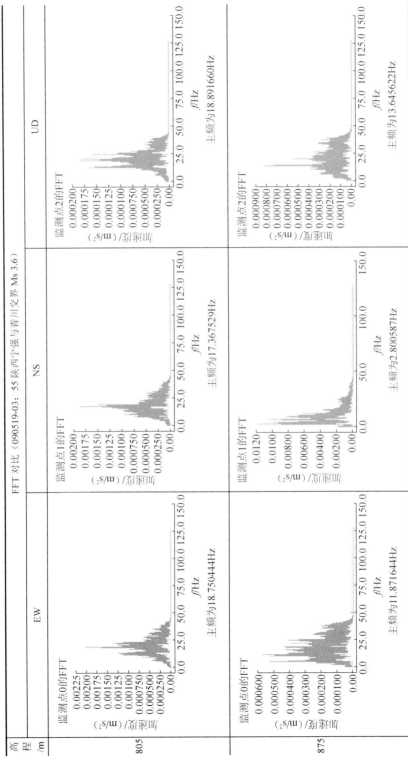

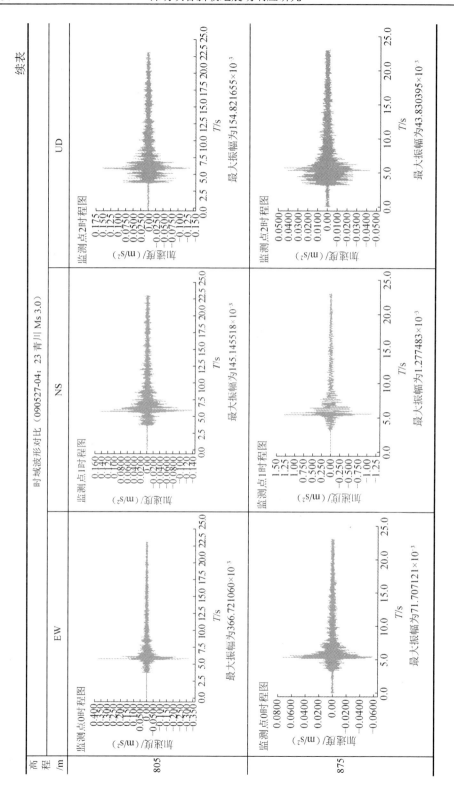

第4章 斜坡地震动响应监测

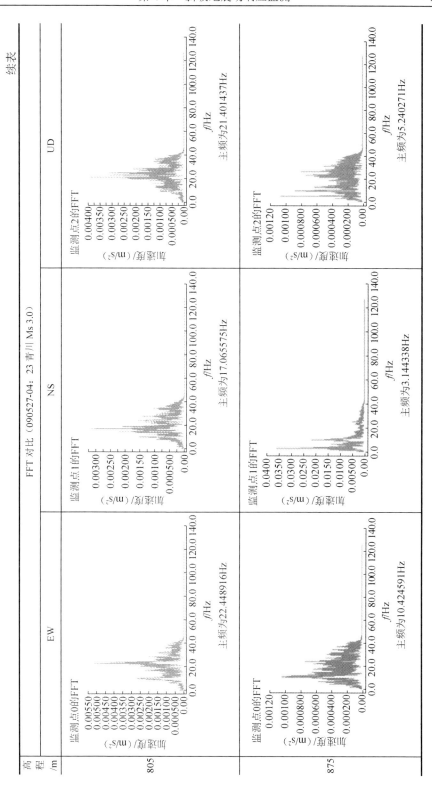

从表 4.4 可知，监测点 2 各监测数据三分量地震动峰值加速度值较均一，各向主频主要保持在 17.3～22.4Hz，监测点 1 除青川 5 月 13 日 2.8 级微震外，其余监测余震数据显示水平南北向地震动峰值加速度均大于水平东西向及竖直向，且水平南北向主频一般为 2.8～5.35Hz，水平东西向及竖直向主频变化较大，多在 5Hz 以上。

纵向剖面上，桅杆梁监测点 1 相比监测点 2 在水平东西方向峰值加速度均体现为衰减，主频成分有所减少；在水平南北方向峰值加速度除青川 2.8 级余震表现为衰减外，其余监测余震数据地震动峰值加速度均表现为放大，放大 7～8 倍，甚至更大，且该方向主频成分均有较大减少，其地震主频成分为 2.8～3.6Hz；在竖直方向地震动峰值加速度均体现为衰减，该方向主频有所减少。

对比桅杆梁山体监测点场地条件，监测点 1 较监测点 2 下伏第四系覆盖层厚。微震作用下岩石和土体都可以看作弹性体，具有线性反应；而在超过土的弹性极限的强震作用下，土层并非弹性体，非线性变形很显著，使其刚度降低，阻尼增大，以致中微震小变形对土层质点加速度的放大系数可能比强震者大很多。因此，微震时地表加速度比基岩中大，而大震时则可能比基岩中小得多，而卓越周期则仍比基岩中振动周期长得多；边坡的土体对地震波的低频成分具有显著放大效应，而对高频部分存在滤波作用，试验表明场地松散覆盖层对地震波确有放大作用，厚度越大，其放大效应也越明显。因此，结合现场监测数据，认为桅杆梁山体顶部的覆盖层对地震波的放大作用也具有一定贡献，尤其土体对地震波低频的放大作用，也可能是导致余震监测数据峰值加速度超过目前一般认识放大系数范围的另一个因素。

通过对青川县桅杆梁监测点 1 和监测点 2 微—有感地震监测数据统计分析表明，桅杆梁监测点 1 水平地震动峰值加速度呈显著放大效应，峰值加速度放大系数可达 7～8 倍，且仅在水平南北向放大，东西向及竖直向表现为衰减。峰值加速度呈放大效应的幅值谱主频成分主要体现为 2～4Hz 所监测的微—有感地震震中位于监测点北侧的青川断裂上，分析表明，桅杆梁场区的地形、场地条件等对顺着地震波传播方向上的斜坡放大效应最为显著。

4.1.3 芦山县仁加村监测斜坡加速度放大效应特征

芦山地震发生后，成都理工大学地质灾害防治与地质环境保护国家重点实验室依托中国地质调查局工作项目，在芦山县清仁乡仁加村布置了 1 个震后余震监测剖面，共 5 个监测点，开展斜坡强震动监测研究。地震动仪器有效记录了 "4·20" 芦山地震从 4 月 21 日至 6 月 30 日的 23 次典型余震（表 4.5），其中 4 级以上 4 次，3～4 级 18 次，3 级以下 1 次。其典型余震震中分布如图 4.4 所示。

表 4.5 仪器记录典型余震基本信息

日期	时间	纬度/(°)	经度/(°)	深度/km	震中距/km	类型及震级	参考地名
2013.04.21	17：01：55	30.26	102.94	20	4685	ML 3.8	四川省芦山县
2013.04.21	17：30：27	30.30	103.00	20	10779	Ms 4.2	四川省邛崃市
2013.04.21	18：55：09	30.22	102.94	19	444	ML 3.6	四川省芦山县
2013.04.21	20：08：31	30.20	102.91	14	3225	Ms 2.9	四川省芦山县
2013.04.21	22：16：56	30.30	102.90	20	9763	Ms 4.3	四川省芦山县
2013.04.22	03：36：37.1	30.20	102.93	20	2011	ML 4.0	四川省芦山县
2013.04.22	06：21：09.8	30.27	102.89	21	7235	ML 3.7	四川省芦山县
2013.04.22	09：18：08.7	30.25	102.95	18	3827	ML 3.9	四川省芦山县
2013.04.23	01：38：03.0	30.24	102.95	12	2813	ML 3.5	四川省芦山县
2013.04.23	04：20：24.0	30.26	102.91	17	5329	ML 3.4	四川省芦山县
2013.04.23	05：54：49.5	30.35	103.00	20	15760	Ms 4.5	四川省芦山县
2013.04.23	22：07：15.7	30.31	102.92	19	10193	ML 4.0	四川省芦山县
2013.04.24	11：10：50.5	30.23	102.93	19	1606	ML 3.6	四川省芦山县
2013.04.28	06：34：36.7	30.21	102.95	14	1429	ML 3.6	四川省芦山县
2013.04.30	01：28：01.5	30.31	102.92	23	10358	ML 3.2	四川省芦山县
2013.05.01	02：14：15.5	30.20	102.90	20	4091	Ms 4.2	四川省芦山县
2013.05.02	21：16：06.9	30.25	102.94	19	3676	ML 3.6	四川省芦山县
2013.05.04	19：29：48.6	30.29	102.89	21	9244	ML 3.7	四川省芦山县
2013.05.05	20：43：18.3	30.21	102.90	14	3686	ML 3.0	四川省芦山县
2013.05.06	20：06：56.9	30.24	102.97	21	4061	ML 3.6	四川省芦山县
2013.05.10	12：12：52.0	30.13	102.88	20	11219	ML 3.4	四川省天全县
2013.05.11	05：55：37.7	30.26	102.82	22	12254	ML 3.6	四川省宝兴县
2013.05.11	08：50：40.3	30.40	102.95	20	20445	Ms 3.8	四川省邛崃市

注：余震震源参数来自国家地震科学数据共享中心，震中距来源于 Google。

图 4.4 典型余震震中位置分布（来源于 Google）

地震动幅值可以是指地震加速度、速度、位移三者之一的峰值、最大值或某种意义的有效值（谢礼立等，1988）。早期人们用静力的观点看待地震动，着重认识到地震动幅值的重要性。根据牛顿第二定律，a_{max}可作为地震动强弱的标志，而后逐渐发展为V_{max}，认为它与地震动能量有关。通过地震动强震观测取得了大量强震数据后，其最大加速度值a_{max}是研究最多的量，其最大优点是比较直观，应用方便，因而在地震工程领域中被广泛接受和应用。

将4级以上余震的地震加速度时程曲线解析出来，如表4.6所示。

表4.6 4级以上地震加速度时程曲线对比

地震时间（震级）	高程/m	时程曲线
2013.04.21（Ms 4.2）	728m 804m	EW向 804m EW向 728m NS向 804m NS向 728m

第4章 斜坡地震动响应监测

续表

地震时间（震级）	高程/m	时程曲线
2013.04.21（Ms 4.2）	728m 804m	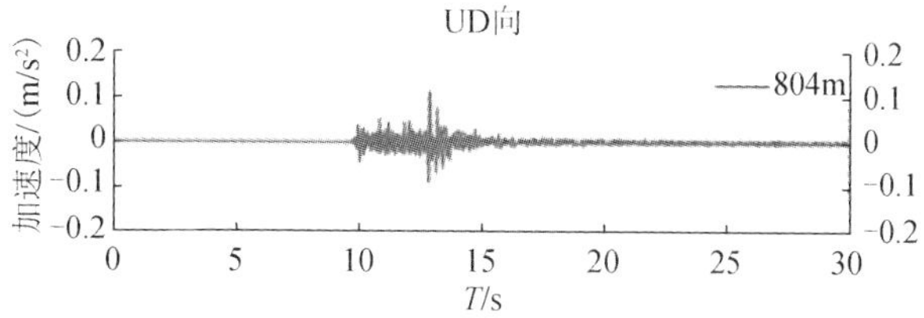 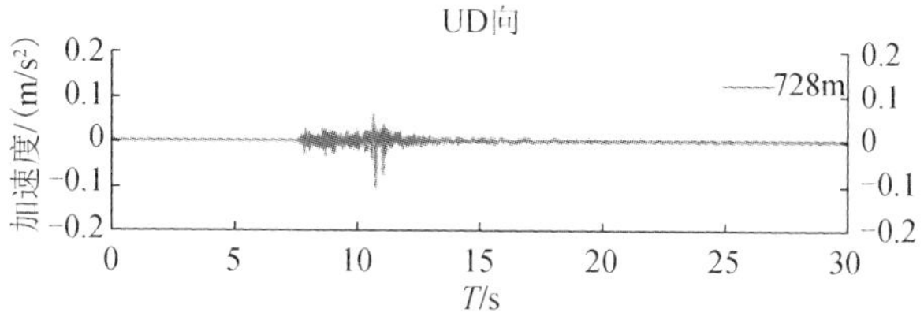
2013.04.21（Ms 4.3）	728m 804m	

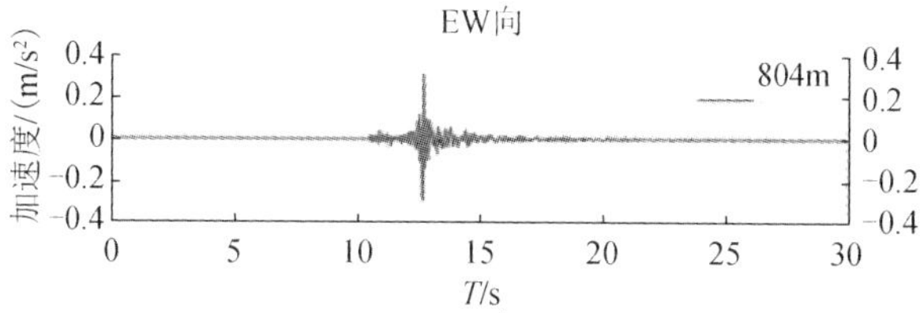

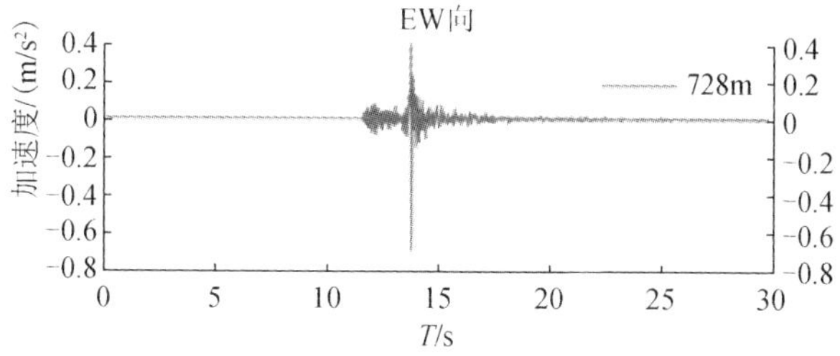

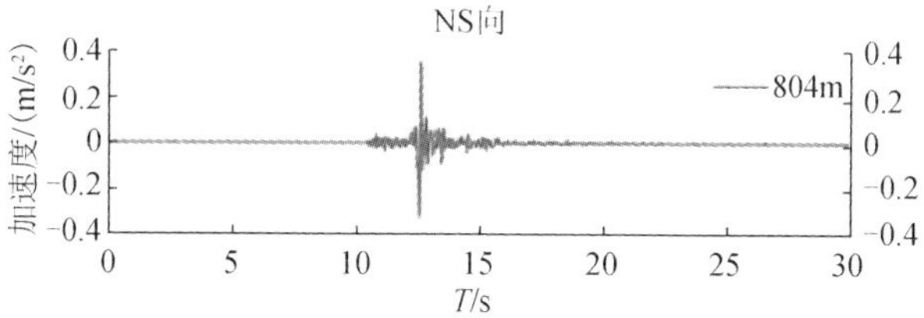

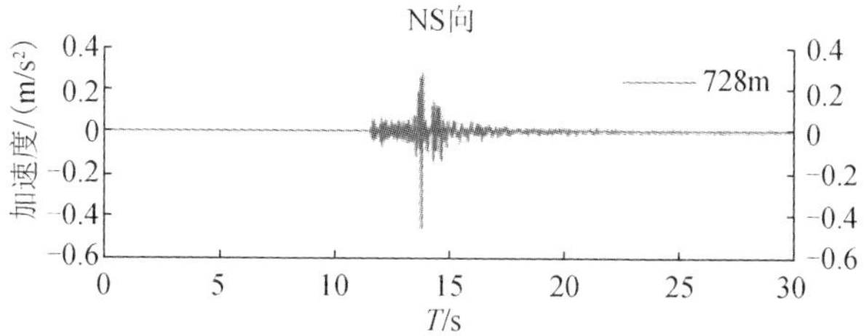

续表

地震时间（震级）	高程/m	时程曲线
2013.04.21（Ms 4.3）	728m 804m	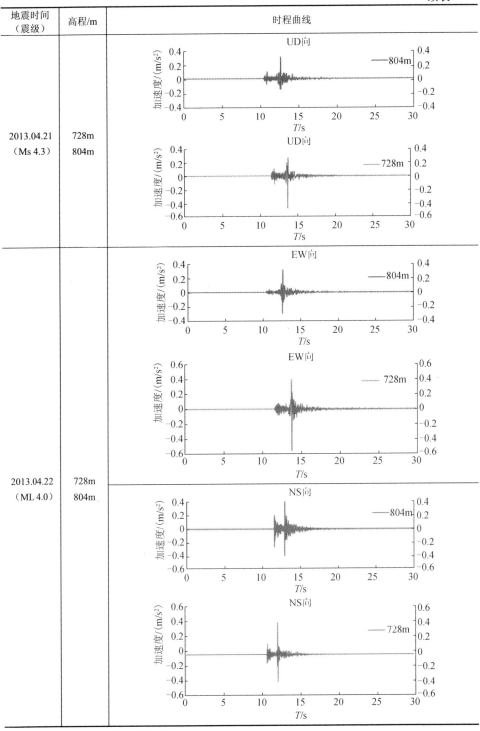
2013.04.22（ML 4.0）	728m 804m	

续表

地震时间 （震级）	高程/m	时程曲线
2013.04.22 （ML 4.0）	728m 804m	UD向 曲线（804m） UD向 曲线（728m）
2013.04.23 （Ms 4.5）	728m 804m	EW向 曲线（804m） EW向 曲线（728m） NS向 曲线（728m） NS向 曲线（804m）

续表

地震时间（震级）	高程/m	时程曲线
2013.04.23（Ms 4.5）	728m 804m	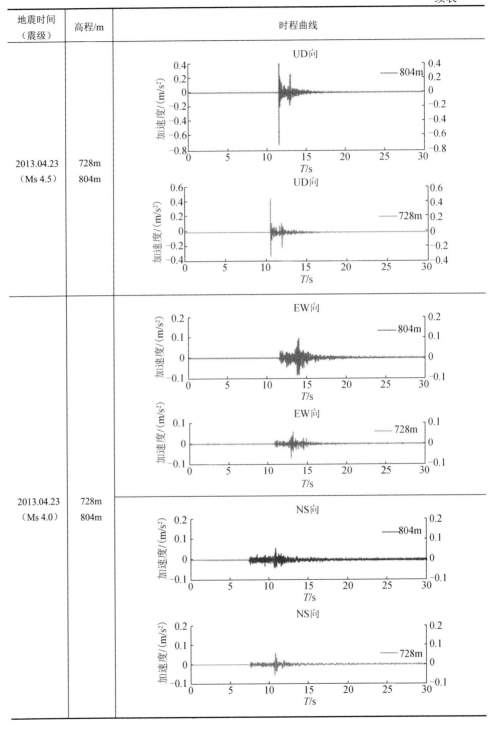
2013.04.23（Ms 4.0）	728m 804m	

续表

地震时间（震级）	高程/m	时程曲线
2013.04.23（Ms 4.0）	728m 804m	UD向（804m） UD向（728m）
2013.05.01（Ms 4.2）	728m 804m	EW向（804m） EW向（728m） NS向（804m） NS向（728m）

续表

地震时间 （震级）	高程/m	时程曲线
2013.05.01 （Ms 4.2）	728m 804m	UD向 804m / UD向 728m 加速度时程曲线

1. **峰值加速度随震中距变化响应特征**

将监测数据划分为 0~3km、3~6km、6~15km 及 15km 以上的不同震中距，对余震进行分析（表 4.7），仁加电站后山斜坡地震动峰值加速度随震中距变化响应特征及放大系数如下：

1）震中距小于 3km，监测点峰值加速度最大接近 0.06g [2013.04.22（ML 4.0）]，水平向峰值加速度放大系数为 1~2.31，竖直向峰值加速度放大系数为 1.63~1.65；震中距 3~6km，监测点峰值加速度最大为 0.05g [2013.05.01（Ms 4.2）]，水平向峰值加速度放大系数为 1~2.90，竖直向峰值加速度放大系数为 1~1.58；震中距 6~15km，监测点峰值加速度最大为 0.07g [2013.04.21（Ms 4.2）]，水平峰值加速度放大系数为 1~3.45，竖直向峰值加速度放大系数为 1~1.54；震中距 15km 以上，监测点峰值加速度最大为 0.01g [2013.05.11（Ms 3.8）]，水平向峰值加速度放大系数为 1~2.0，竖直向峰值加速度放大系数为 1~1.13。

2）震中距小于 6km，低高程（728m）竖直向峰值加速度一般为水平峰值加速度的 0.84 倍，高高程（804m）竖直向峰值加速度一般为水平峰值加速度的 0.77 倍，较大震级（ML 4.0）竖直向峰值加速度接近甚至超过水平向峰值加速度。其中，震距在 3~6km 区间内，低高程（728m）竖直向峰值加速度一般为水平向峰值加速度的 0.82 倍，高高程（804m）竖直向峰值加速度一般为水平向峰值加速度的 0.89 倍，较大震级（Ms 4.2）竖直向峰值加速度接近甚至超过水平向峰值加速度。

3）震中距在 6~15km，低高程（728m）竖直向峰值加速度一般为水平向峰值加速度的 0.81 倍，高高程（804m）竖直向峰值加速度一般为水平向峰值加速度的 0.69 倍，较大震级（Ms 4.2 和 Ms 4.3）竖直向峰值加速度接近甚至超过水平向峰值加速度；震中距大于 15km，低高程（728m）竖直向峰值加速度一般为水平向峰值加速度的 0.82 倍，高高程（804m）竖直向峰值加速度一般为水平向峰值加速度的 0.69 倍，较大震级（Ms 4.5）竖直向峰值加速度接近甚至超过水平向峰值加速度。

由以上分析可知，斜坡地震动水平向放大效应随震中距增大有一定增大趋势，而近震中高振幅作用下斜坡地震动放大效应不明显。

表 4.7 典型余震地震动峰值加速度

震中距	地震时间（震级）	高程/m	峰值加速度/(m/s²)		
			EW	NS	UD
小于 3km	2013.04.21（ML 3.6）	804	0.566051	0.662441	0.446211
		728	0.470187	0.438123	0.295703
	2013.04.22（ML 4.0）	804	0.533896	0.523911	0.632873
		728	0.230681	0.444239	0.387251
	2013.04.24（ML 3.6）	804	0.072095	0.071508	0.045397
		728	0.04656	0.03453	0.027744
	2013.04.28（ML 3.6）	804	0.061765	0.086643	0.03635
		728	0.036925	0.055834	0.02198
3～6km	2013.04.21（ML 3.8）	804	0.327717	0.266647	0.17799
		728	0.206855	0.134719	0.148722
	2013.04.21（Ms 2.9）	804	0.06934	0.058041	0.074952
		728	0.05974	0.067842	0.037727
	2013.04.22（ML 3.9）	804	0.416496	0.143516	0.164569
		728	0.143809	0.274601	0.137604
	2013.04.23（ML 3.4）	804	0.087596	0.094411	0.031384
		728	0.063163	0.040153	0.019857
	2013.04.23（ML 3.5）	804	0.130766	0.091012	0.087435
		728	0.072592	0.085912	0.05225
	2013.05.01（Ms 4.2）	804	0.475915	0.575047	0.233652
		728	0.484943	0.318976	0.233652
	2013.05.02（ML 3.6）	804	0.41102	0.247173	0.290521
		728	0.163093	0.210831	0.210546

续表

震中距	地震时间（震级）	高程/m	峰值加速度/(m/s²)		
			EW	NS	UD
3~6km	2013.05.05（ML 3.0）	804	0.072455	0.05356	0.099107
		728	0.025358	0.065934	0.07486
	2013.05.06（ML 3.6）	804	0.066891	0.073543	0.04981
		728	0.060629	0.030517	0.037274
6~15km	2013.04.21（Ms 4.2）	804	0.449363	0.689689	0.450353
		728	0.373431	0.326932	0.293377
	2013.04.21（Ms 4.3）	804	0.155007	0.147808	0.117068
		728	0.083232	0.112617	0.099014
	2013.04.22（ML 3.7）	804	0.129029	0.126907	0.057351
		728	0.106754	0.130605	0.058923
	2013.04.23（ML 4.0）	804	0.090601	0.060405	0.055394
		728	0.067599	0.050942	0.043977
	2013.04.30（ML 3.2）	804	0.060458	0.050093	0.031795
		728	0.017525	0.039474	0.025791
	2013.05.04（ML 3.7）	804	0.110728	0.28587	0.131661
		728	0.106405	0.123332	0.082533
	2013.05.10（ML 3.4）	804	0.121037	0.086673	0.071667
		728	0.084824	0.049199	0.047143
	2013.05.11（ML 3.6）	804	0.034074	0.074567	0.02739
		728	0.022533	0.035223	0.021885
大于15km	2013.04.23（Ms 4.5）	804	0.080578	0.050173	0.044704
		728	0.053447	0.061232	0.039528
	2013.05.11（Ms 3.8）	804	0.099541	0.122185	0.072579
		728	0.082849	0.059892	0.066683

注：余震震源参数来自国家地震科学数据共享中心。

2. 峰值加速度随斜坡高程增加响应特征

对仁加电站后山斜坡监测的 23 次典型余震进行统计分析，其中最大余震 Ms 4.5，最小余震 Ms 2.9，震中距最近 444m，最远 20445m。参照低高程（728m）监测点，仁加电站后山斜坡高高程（804m）监测点水平东西放大系数大于1.0 的占 91.3%，强于南北方向的 78.3%，其中水平南北分量最大响应系数为 2.41，水平东西分量最大放大系数为 3.45；垂直分量除有 2 次余震放大系数小于或接近 1.0 外，余下 21 次均大于 1.0，最大可达 1.99。典型余震地震动响应放大系数如表 4.8 所示。

表 4.8　典型余震地震动响应放大系数

地震时间（震级）	峰值加速度放大系数		
	EW	NS	UD
2013.04.21（ML 3.6）	1.120388	1.511997	1.508984
2013.04.22（ML 4.0）	2.314434	1.179345	1.634271
2013.04.24（ML 3.6）	1.548432	2.070895	1.636282
2013.04.28（ML 3.6）	1.672715	1.551796	1.653776
2013.04.21（ML 3.8）	1.584284	1.979283	1.196797
2013.04.21（Ms 2.9）	1.160696	0.855532	1.986694
2013.04.22（ML 3.9）	2.896175	0.522635	1.195961
2013.04.23（ML 3.4）	1.386825	2.351281	1.580501
2013.04.23（ML 3.5）	1.801383	1.059363	1.673397
2013.05.01（Ms 4.2）	0.981383	1.802791	1
2013.05.02（ML 3.6）	2.520157	1.172375	1.379846
2013.05.05（ML 3.0）	2.857284	0.812327	1.323898
2013.05.06（ML 3.6）	1.103284	2.409903	1.33632
2013.04.21（Ms 4.2）	1.203336	2.109579	1.535066
2013.04.21（Ms 4.3）	1.862349	1.312484	1.182338
2013.04.22（ML 3.7）	1.208657	0.971686	0.973321
2013.04.23（ML 4.0）	1.340271	1.18576	1.259613
2013.04.30（ML 3.2）	3.449815	1.269013	1.232794
2013.05.04（ML 3.7）	1.040628	2.31789	1.595253
2013.05.10（ML 3.4）	1.426919	1.761682	1.520204
2013.05.11（ML 3.6）	1.512182	2.116997	1.251542
2013.04.23（Ms 4.5）	1.507624	0.819392	1.130945
2013.05.11（Ms 3.8）	1.201475	2.040089	1.088418

4.1.4　泸定县冷竹关监测斜坡加速度放大效应特征

为研究"半岛状"凸出山脊的地震动力响应特征，在监测剖面不同位置布设了 2 个监测点，分别为 1#和 2#，两者都记录到了 3 次地震，为研究此类地形动力响应特征提供了数据支撑。3次地震中,位于河谷的3#监测点由于灵敏度设置较高,因此都未触发记录到地震,但距冷竹关沟约7km位于河谷底部的康定姑咱台站(1407m)记录到了这3次地震,可以作为河谷的地震动响应参考点。各监测点加速度时程曲线如表4.9所示。

表4.9 各监测点加速度时程曲线

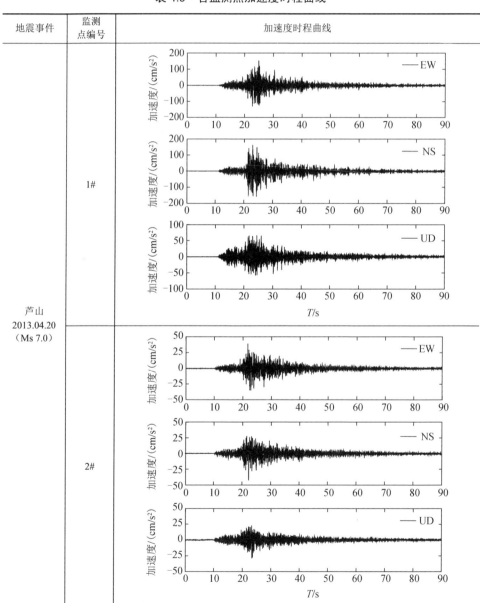

续表

地震事件	监测点编号	加速度时程曲线
康定 2014.11.22 （Ms 6.3）	1#	
	2#	

续表

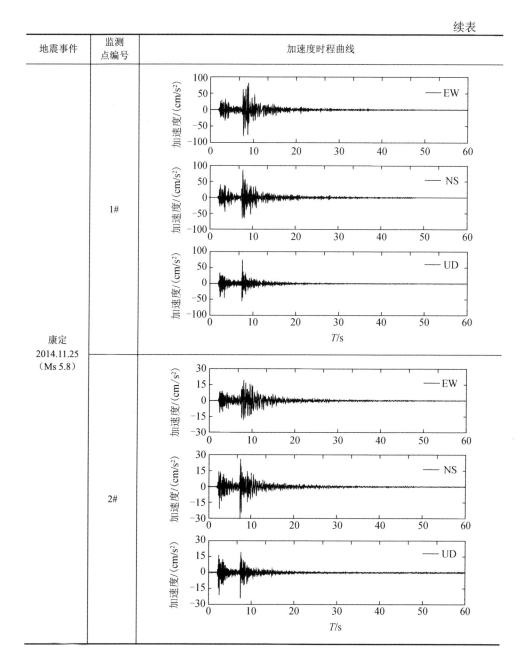

早期人们主要在地震抗震设防等领域对地震动进行研究，一般采用的参数都是静态的，用单一的峰值去评价，所以应用最广、研究最深入的就是能直接观测到的地震动峰值加速度 a_{max}。a_{max} 较易获得，应用方便，因此在地震工程或岩土动力响应方面得到了认可。经过前人总结，a_{max} 有以下特征：除近场地震外，通常地震动竖直向幅值都小于水平向幅值；对结构物影响最大的是地震动带来的水平剪

切运动。因此平时所说的地震动幅值是以两个水平向的峰值为基础的，或取其较大者或其平均值作为地震动幅值，有时也用两个最大值的矢量和作为地震动幅值。

《建筑抗震设计规范（2016年版）》（GB 50011—2010）规定：当遭受低于本地区抗震设防烈度的多遇地震影响时，主体结构不受损坏或不需修理可继续使用；当遭受相当于本地区抗震设防烈度的设防地震影响时，可能发生损坏，但经一般性修理仍可继续使用；当遭受高于本地区抗震设防烈度的罕遇地震影响时，不致倒塌或发生危及生命的严重破坏。使用功能或其他方面有专门要求的建筑，当采用抗震性能化设计时，应具有更具体或更高的抗震设防目标。抗震设防烈度和设计基本地震加速度的对应关系如表4.10所示。

表4.10 抗震设防烈度和设计基本地震加速度的对应关系

项目	抗震设防烈度			
	Ⅵ	Ⅶ	Ⅷ	Ⅸ
设计基本地震加速度/g	0.05	0.10（0.15）	0.20（0.30）	0.40

由此可见，地震动峰值加速度或峰值速度都是被广泛承认了的地震动的重要工程特性，原因有两个：①从力的观点容易接受加速度，从能量的观点可以接受速度；②没有强震观测记录之前，在一定假设下，加速度容易从地震时的宏观现象中导出，如日本曾经根据大量墓碑的倾倒与否来推断等效加速度值，印度到现在仍然在用器物的移动与倾倒与否来推断等效加速度（贺健先等，2015）。

课题组对冷竹关监测点所记录的峰值加速度与参考点峰值加速度进行了对比，如表4.11所示。为了反映加速度随高程的放大情况，定义不同高程的峰值加速度与河谷谷底参考点的峰值加速度之比为峰值加速度放大系数，根据高程和放大系数作出1#监测点和2#监测点变化曲线，如图4.5所示。

表4.11 各监测点峰值加速度

地震事件	监测点编号	峰值加速度/(cm/s²)		
		EW	NS	UD
芦山 2013.04.20 （Ms 7.0）	1#	163.5	153.8	66.7
	2#	42.4	39.3	29.0
	姑咱地震站	23.5	27.0	19.7
康定 2014.11.22 （Ms 6.3）	1#	188.1	147.64	111.9
	2#	70.39	69.9	36.5
	姑咱地震站	16.4	13.9	15.7
康定 2014.11.25 （Ms 5.8）	1#	82.3	85.9	74.7
	2#	19.3	29.1	24.1
	姑咱地震站	12.3	10.7	8.6

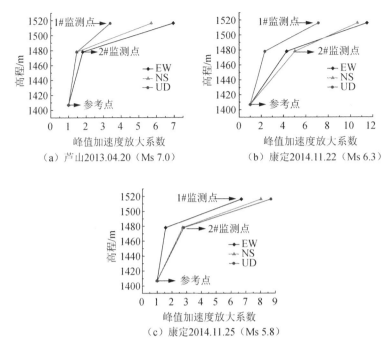

图 4.5 各监测点变化曲线

由表 4.11 可知，3 次地震中位于"半岛状"山脊顶部的 1#监测点记录的 3 个方向的峰值加速度都较位于中部的 2#监测点大，在康定 2014.11.22（Ms 6.3）地震中，1#监测点 EW 向峰值达到了 188.1cm/s^2，UD 向也达到了 111.9cm/s^2，为 3 次地震中记录到的最大值；芦山 2013.4.20（Ms 7.0）地震中，EW 向、NS 向和 UD 向倍数分别为 3.8、3.9、2.3；康定 2014.11.22（Ms 6.3）地震中，EW 向、NS 向和 UD 向倍数分别为 2.7、2.1、3.1；芦山 2013.04.20（Ms 7.0）地震中，EW 向、NS 向和 UD 向倍数分别为 4.3、3.0、3.1。3 次地震中各个监测点水平向峰值加速度都较竖直向峰值加速度大，具体表现为：1#监测点芦山 2013.4.20（Ms 7.0）地震约为 2.45 倍，康定 2014.11.22（Ms 6.3）地震约为 1.68 倍，康定 2014.11.25（Ms 5.8）地震约为 1.68 倍；2#监测点芦山 2013.04.20（Ms 7.0）地震约为 1.46 倍，康定 2014.11.22（Ms 6.3）地震约为 1.93 倍，康定 2014.11.25（Ms 5.8）地震约为 1.21 倍；且发生时间较早的两次地震 EW 向都大于 NS 向，而康定 2014.11.25（Ms 5.8）地震则相反。

由图 4.5 可知，3 次地震中，随着高程的增加，监测点的 3 个方向的峰值加速度呈现增大的趋势，且表现出非线性的特征，1#监测点与 2#监测点增加的幅度较 2#监测点与参考点之间的幅度大，具体表现为：芦山 2013.04.20（Ms 7.0）地震中，1#监测点和 2#监测点 EW 向放大系数分别为 6.95、1.8，NS 向放大系数分别为 5.7、1.46，UD 向放大系数分别为 3.38、1.47；康定 2014.11.22（Ms 6.3）地震中，1#

监测点和 2#监测点 EW 向放大系数分别为 11.47、4.29，NS 向放大系数分别为 10.62、5.03，UD 向放大系数分别为 7.13、2.32；康定 2014.11.25（Ms 5.8）地震中，1#监测点和 2#监测点 EW 向放大系数分别为 6.69、1.57，NS 向放大系数分别为 8.02、2.72，UD 向放大系数分别为 8.69、2.8。因此，从总体特征上看，各监测点放大系数从河谷到山脊顶部呈现凹形的变化特征。

前面内容从峰值加速度的角度对其放大效应进行了分析，但从随机过程观点来看，加速度过程 $a(t)$ 中的峰值是一个随机量，不宜作为地震动特性的标志，而方差则是表示振幅大小特性的一个统计特征。Hanks 等（1978）对奥罗维尔一系列的强地震动观测研究也表明地震动峰值加速度作为地震动强度的指标主要有两个缺点：第一，它表示地震动高频成分的振幅，取决于地震震源断裂面的局部特征，不能很好地反映整个震源的特性，所以在大震级时，震中或断层附近的加速度最大值可能会饱和；第二，离散性极大，震级、距离和场地条件的极小改变会使它变化很大。

阿里亚斯（Arias，1970）建议用地震动过程中单质点弹性体系所消耗的单位质点的能量及阿里亚斯强度（I_a）作为地震动总强度，从强震动记录的能量角度来揭示强震动的破坏特性。其表达式为

$$I_a = \frac{\pi}{2g} \int_0^{t_d} a^2(t) \qquad (4.3)$$

式中，I_a 为阿里亚斯强度（cm/s）；t_d 为震动持时（s）；g 为重力加速度（m/s²）。

假设取 t_d 为强震动阶段的持时，则地震动过程在此持时内可以近似看作平稳过程，那么单位持时的能量与方差满足关系：

$$a_{rms}^2 = \frac{1}{t_d} \int_0^{t_d} a^2(t) dt \qquad (4.4)$$

式中，a_{rms}^2 为均方根加速度（cm/s²）；其余各参数含义及单位见式（4.3）。根据式（4.3）和式（4.4），计算出各个监测点在不同地震中的阿里亚斯强度和均方根加速度，如表 4.12 所示。

表 4.12　各监测点地震动参数

地震事件	监测点编号	均方根加速度/(cm/s²)			阿里亚斯强度/(cm/s)			持时/s		
		EW	NS	UD	EW	NS	UD	EW	NS	UD
芦山 2013.04.20（Ms 7.0）	1#	17.1	20.0	8.8	45.645	62.925	12.182	26.3	26.5	31.1
	2#	4.1	4.1	2.9	2.645	2.613	1.396	25.8	29.4	30.4
康定 2014.11.22（Ms 6.3）	1#	12.4	12.6	6.1	24.7	25.5	6.0	5.4	10.2	11.3
	2#	3.9	3.8	2.0	2.4	2.3	0.6	5.4	10.1	11.2
康定 2014.11.25（Ms 5.8）	1#	8.2	8.0	4.8	6.5	6.2	2.2	11.1	12.1	8.1
	2#	2.3	2.3	1.7	0.5	0.5	0.3	11.9	11.6	9.6

采用均方根加速度后，1#监测点和2#监测点随着高程增加其值还是呈现出增加的趋势，与峰值加速度的变化趋势是一致的，但各分量的值出现了一定的变化。在芦山2013.04.20（Ms 7.0）和康定2014.11.22（Ms 6.3）地震中，1#监测点和2#监测点峰值加速度水平东西向都是大于南北向的，但采用均方根加速度后，这两次地震中水平东西向的均方根加速度都小于NS向，和峰值加速度相反；而在康定2014.11.25（Ms 5.8）地震中，呈现出相反的规律。这种现象可能和山脊的走向相关，后面章节会进行详细的描述和分析，这也说明了采用均方根加速度的科学性和合理性。而从阿里亚斯强度可以得到，各次地震中，1#监测点各个方向的强度都大于2#监测点各个方向的强度，有的甚至相差一个数量级，这也说明了1#监测点的地形放大效应较2#监测点大很多。

为研究河谷坡折段斜坡的地震动力响应特征，在冷竹关监测剖面左岸坡折部位布置了4#监测点，在坡折过渡段布置了5#监测点，两个监测点同时记录到了芦山2013.04.20（Ms 7.0）地震，为研究斜坡坡折段动力响应规律提供了依据，各监测点加速度时程曲线如表4.13所示。

表4.13 各监测点加速度时程曲线

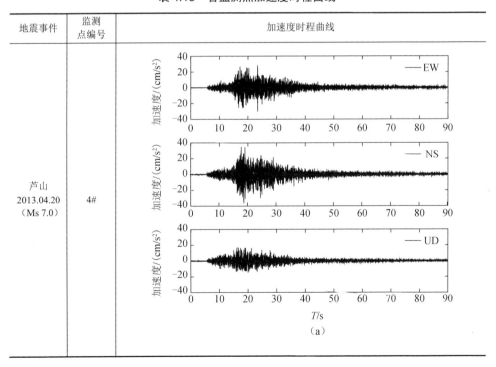

地震事件	监测点编号	加速度时程曲线
芦山2013.04.20（Ms 7.0）	4#	（a）

续表

地震事件	监测点编号	加速度时程曲线
芦山 2013.04.20 （Ms 7.0）	5#	(EW、NS、UD 三向加速度时程曲线图)

经过滤波和基线校正处理的加速度，分析得到各监测点的地震特征参数，如表4.14所示。为了反映峰值加速度随高程的变化特征，求出各监测点峰值加速度、均方根加速度及阿里亚斯强度放大系数，根据高程和放大系数作出4#监测点和5#监测点各分量放大系数，如图4.6所示。

表4.14 4#监测点和5#监测点地震特征参数

监测点编号	峰值加速度/(cm/s^2)			均方根加速度/(cm/s^2)			阿里亚斯强度/(cm/s)			持时/s		
	EW	NS	UD	EW	NS	UD	EW	NS	UD	EW	NS	UD
4#	36.6	30.9	17.3	3.6	4.3	2.4	2.1	3.0	0.9	25.0	24.6	31.9
5#	29.9	24.3	24.7	3.2	3.3	3.1	1.6	1.8	1.5	28.6	25.8	29.6
参考站	23.5	27.0	19.7	2.9	3.2	2.5	0.8	1.0	0.6	20.7	19.2	23.8

由表4.14可知，4#监测点记录的峰值加速度表现为EW向>NS向>UD向，且EW向是UD向的2倍以上；采用均方根加速度后却表现为NS向>EW向>UD向，但两个水平向较UD向都在2倍以下；阿里亚斯强度表现为NS向>EW向>UD向，两个水平向是UD向的2倍以上，NS向达到了3.3倍。从4#监测点可以看出，从不同的地震动参数分析，水平向的值大小表现不同，这可能与山体走向和地震波传播方向有关。5#监测点峰值加速度却表现为EW向>UD向>NS向，但UD向和NS向值相差不大；均方根加速度表现为NS向>EW向>UD向，而且3个方向

的值相差不大;阿里亚斯强度也表现为 NS 向>EW 向>UD 向,且其值也相差不大。上述不同参数也表现出不同的大小关系,所以选择均方根加速度和阿里亚斯强度能较全面地分析斜坡地震动力响应特征。

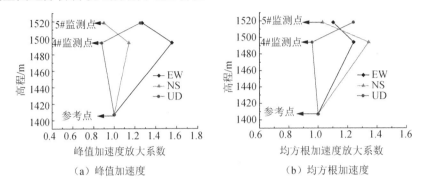

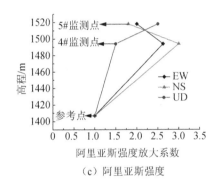

图 4.6 4#监测点和 5#监测点各分量放大系数

图 4.6 可形象地表现出斜坡随高程增高的地震动力响应规律,可知随着高程的增加,各监测点的地震动参数放大系数并未表现出增大的趋势,水平向分量总体呈现出先增加再减小的非线性规律,而竖直向呈现出先减小后增加的非线性规律,且各个地震动参数的放大系数也不尽相同。峰值加速度放大系数在 4#监测点(坡折部位)出现拐点,两个水平向由增大变为减小,4#监测点的 EW 向和 NS 向放大系数分别为 1.6、1.1,5#监测点的 EW 向和 NS 向放大系数分别为 1.3、0.9,其 NS 向出现了一定的衰减;而竖直向却由减小变为增大的趋势,4#监测点的 UD 向放大系数为 0.9,5#监测点为 1.3。均方根加速度放大系数和峰值加速度放大系数表现出相同的变化规律,4#监测点的 EW 向和 NS 向放大系数分别为 1.2、1.4,5#监测点的 EW 向和 NS 向放大系数分别为 1.1、1.0,5#监测点的 NS 向并未像峰值加速度放大系数那样小于 1;竖直向却由减小变为增大,4#监测点的 UD 向放大系数为 0.96,5#监测点为 1.24。阿里亚斯强度放大系数与前两者表现一致,但

其各个方向的放大系数更大,4#监测点的 EW 向和 NS 向放大系数分别为 2.6、3.0,5#监测点的 EW 向和 NS 向放大系数也达到了 2.0、1.8;4#监测点的 UD 向放大系数为 1.5,5#监测点为 2.5。故从各个地震动参数可以得出,随着高程增加,斜坡在坡折部位对水平向地震动存在明显的放大效应,在斜坡坡折过渡段放大效应明显减弱,呈现出上凹的特性;而斜坡在坡折部位对竖直向地震动放大效应不明显,存在一定的衰减,在斜坡坡折过渡段放大效应明显,呈现出上凸的特性。

由表 4.14 可以看出,各个监测点两个水平向的持时相差不大,4#监测点的 EW 向和 NS 向持时分别为 25.0s、24.6s,5#监测点的 EW 向和 SN 向持时分别为 28.6s 和 25.8s;同时可以看出竖直向持时较水平向持时长,4#监测点的 UD 向持时达到了 31.9s,5#监测点的 UD 向持时也达到了 29.6s。持时与统计的均方根加速度表现出了很好的反比关系。

为研究直线形岩质斜坡的地震动力响应特征,在冷竹关监测剖面左岸(大渡河右岸)直线斜坡不同高程部位布置了 6#监测点和 7#监测点,并在这两个监测点不同深度内安置了监测仪器。为了消除水平向衰减带来的影响,选择距离洞口距离相差不大的 7#-3 和 6#-5 进行对比分析(前者距离洞口距离为 110m,后者为 99m),各监测点记录到的康定 2014.11.25(Ms 5.8)地震的加速度时程曲线如表 4.15 所示。

表 4.15 各监测点加速度时程曲线

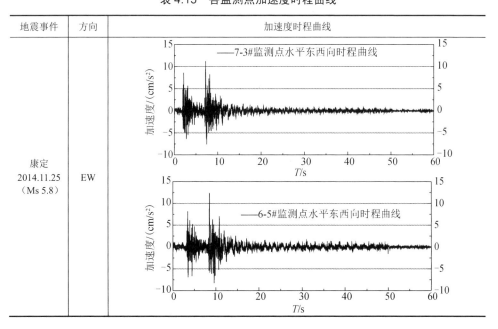

续表

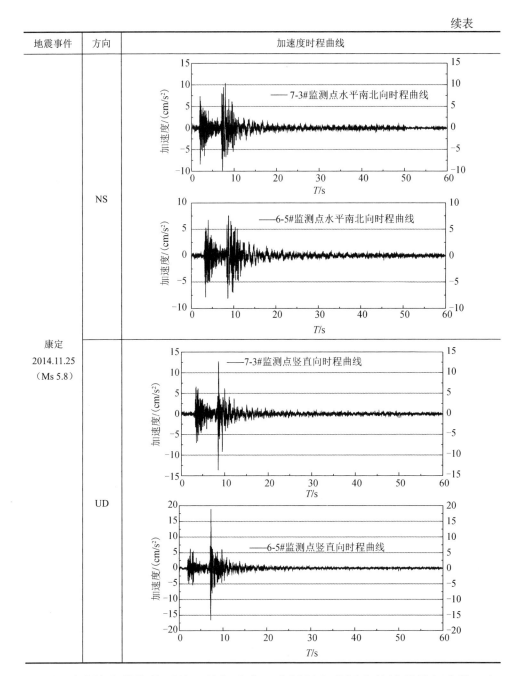

经过滤波和基线校正处理的加速度,分析得各监测点的地震特征参数,如表 4.16 所示。为了反映加速度峰值随高程的变化特征,求出各监测点峰值加速度、均方根及阿里亚斯强度放大系数,根据高程和放大系数作出 6#-5 和 7#-3 监测点各分量放大系数,如图 4.7 所示。

表 4.16 6#-5 监测点和 7#-3 监测点地震特征参数

监测点编号	峰值加速度/(cm/s²)			均方根加速度/(cm/s²)			阿里亚斯强度/(cm/s)			持时/s		
	EW	NS	UD	EW	NS	UD	EW	NS	UD	EW	NS	UD
6#-5	10.25	10.09	20.78	0.95	1.07	1.15	2.17	2.38	1.86	14.3	13.9	10.1
7#-3	12.77	10.36	15.11	1.01	1.08	0.99	2.36	2.39	1.93	14.6	13.9	12.2
参考站	23.5	27.0	19.7	2.9	3.2	2.5	0.8	1.0	0.6	20.7	19.2	23.8

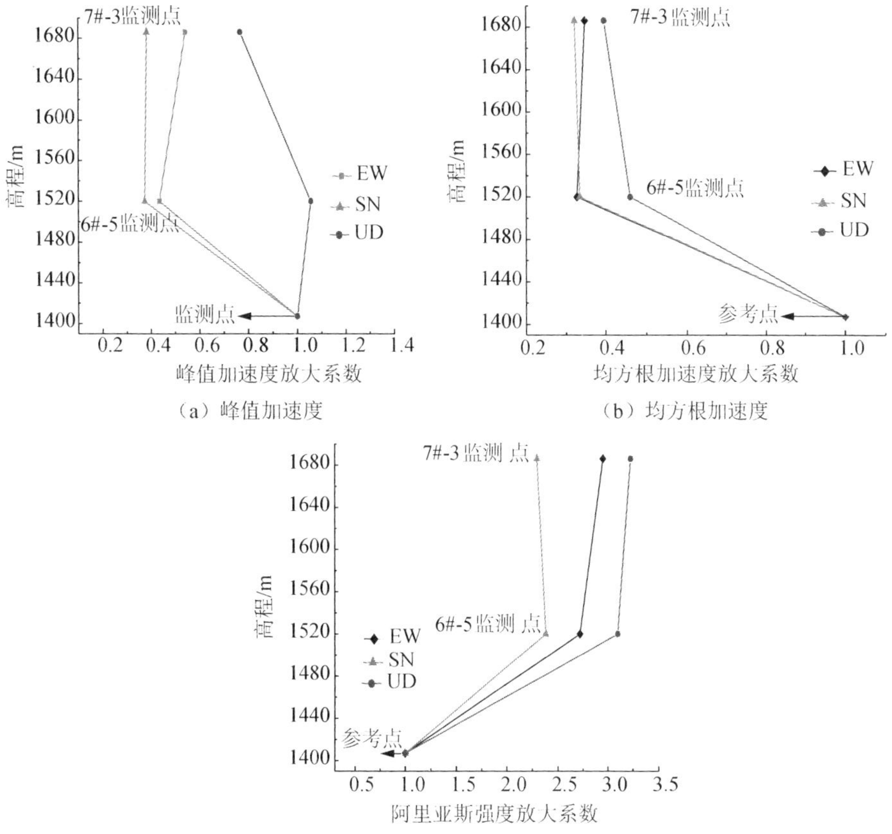

（a）峰值加速度

（b）均方根加速度

（c）阿里亚斯强度

图 4.7 6#-5 监测点和 7#-3 监测点各分量放大系数

由表 4.16 可知：6#-5 监测点记录的峰值加速度 PGA 表现为 NS 向<EW 向<UD 向，且 UD 向是 EW 向和 NS 向的 2 倍以上；采用均方根加速度后却表现为 EW 向<NS 向<UD 向，UD 向略大于两个水平方向；阿里亚斯强度表现为 UD 向<EW 向<NS 向，两个水平方向放大较 UD 向大，可以看出从不同的地震动参数分析，水平方向和竖直向的值大小表现不同，这可能与山体走向和地震波传播方向有关。7#监测点峰值加速度却表现为 NS 向<EW 向<UD 向，两水平方向值相差不大；均

方根加速度表现为 UD 向<NS 向<EW 向，三个方向的值相差不大；阿里亚斯强度也表现为 UD 向<NS 向<EW 向，两水平方向值相差不大；上述不同参数表现出不同的大小关系，因此，选择均方根加速度和阿里亚斯强度可以较全面地分析斜坡地震动力响应特征。

由图 4.7 可形象地表现出斜坡随高程增高的地震动力响应规律，可知随着高程的增加，各监测点水平向峰值加速度放大系数呈递增趋势，而竖直向放大系数却出现了一定程度的衰减；均方根加速度放大系数和峰值加速度放大系数表现出相同的变化规律，也在水平方向上表现出随高程递增趋势，而在竖直向上有一定程度的衰减；阿里亚斯强度放大系数和前两者也基本一致，但在竖直向上呈现出递增趋势。因此，从各个地震动参数可以得出，随着高程增加，直线型斜坡上各水平方向的放大效应随高程增加会出现递增的趋势，而在竖直向上会出现一定程度的衰减。

4.1.5　泸定县磨西镇摩岗岭监测斜坡加速度放大效应特征

据中国地震台网监测数据显示，北京时间 2016 年 9 月 29 日，四川省甘孜藏族自治州磨西地区发生 Ms 3.6 级地震，震源深度为 11km，发震位置为 101°53′24″N，29°34′48″E，与 1#监测点的直线距离为 25.68km。1#监测点、3#监测点及 5#监测点仪器成功记录到了此次地震的宝贵数据。通过 SeismoSignal 信号分析软件对本次记录到的数据进行滤波、基线校正和去直流，得到各监测点在此次地震作用下的加速度时程曲线，如表 4.17 所示，然后以低高程的 3#监测点数据为参考，计算出各监测点的峰值加速度放大系数，如图 4.8 所示。

表 4.17　各监测点加速度时程曲线

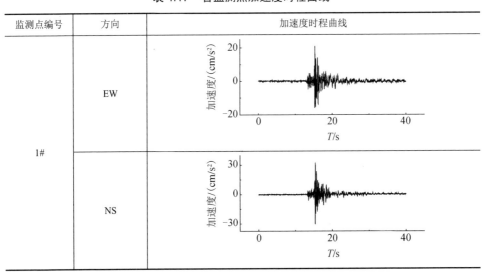

续表

监测点编号	方向	加速度时程曲线
1#	UD	
3#	EW	
3#	NS	
3#	UD	
5#	EW	
5#	NS	

监测点编号	方向	加速度时程曲线
5#	UD	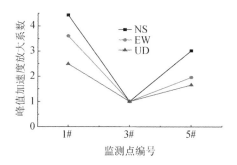

图 4.8 各监测点峰值加速度放大系数

从图 3.36 中可以看出，1#监测点位于右岸单薄山脊处，山脊宽度仅为 2～5m，近东西走向，而 5#监测点所处的左岸山体地形较为浑厚。由表 4.17 和图 4.8 中可看出，相比河谷 3#监测点，1#监测点水平向峰值加速度放大系数可达 4.50，而比 1#监测点高近 100m 的 5#监测点放大系数仅可达 3.34，且放大系数最大的峰值加速度均为垂直山脊方向的 NS 向，由此可认为地震作用下垂直山脊方向上受到的约束力较小，是导致垂直山脊方向的地震波加速度大于沿山脊方向的原因；相比浑厚山体，单薄山脊在地震作用下受到的垂直山脊方向的约束力更小，往往会造成垂直单薄山脊方向的地震波出现异常放大。

4.2 地震动反应谱及持时效应分析

强震动频谱特性即震动地面运动对具有不同自振周期的结构的响应，反应谱是工程抗震用来表示地震动频谱的一种特有的方式，由于它是通过单自由度体系的反应来定义的，因此容易为工程界所接受。反应谱 $S(T, \xi)$ 的定义是：具有同一阻尼比 ξ 的一系列单自由度体系（其自振周期为 T_i，$i=1, 2, \cdots, N$）的最大

反应绝对值 $S(T_i, \xi)$ 与周期 T_i 的关系,即 $S(T_i, \xi)$,有时也写为 $S(T)$。反应谱也可理解为具有相同阻尼特性的,但结构周期不同的单自由度体系在某一地震作用下的最大反应。反应谱的形状随 $a(t)$ 而变,近震小震坚硬场地上的强震动 $a(t)$ 的反应谱峰值在高频部分,远震大震软厚场地上的 $a(t)$ 的反应谱峰值在低频部分。震害经验表明:近震小震坚硬场地上的强震动容易使刚性结构产生震害,而远震大震软厚场地上的强震动容易使高柔结构产生震害。这一规律从强震动的频谱特性角度很容易解释,前一种强震动的高频比较丰富,而后一种则低频比较丰富;由于共振效应,前者易使高频结构受损,后者易使低频结构受损。

4.2.1 反应谱计算公式

反应谱理论又分为线性和非线性两种理论。目前结构抗震设计中广泛使用的方法是线性的反应谱理论,我们通常称之为反应谱理论。非线性反应谱理论在范立础的著作《桥梁抗震》(同济大学出版社,1997)里有较详细的论述。本节主要就线性反应谱理论进行介绍。该理论的基本原理是把结构物简化为离散体系,然后按振型分解为多个单自由度体系,用叠加来计算结构的反应(应力、应变)等。在地面振动的作用下,单自由度有阻尼体系振动方程为

$$\ddot{u}(t) + 2\xi\omega\dot{u}(t) + \omega^2 u(t) = -\ddot{u}(t) \tag{4.5}$$

式中,$\ddot{u}(t)$、$\dot{u}(t)$、$u(t)$ 分别为质点相对于地面的加速度、速度和位移;ξ 为质点运动的阻尼比;ω 为质点运动的变动圆频率。

质点相对于地面的位移反应、速度反应及绝对加速度反应为

$$u(t) = \frac{1}{\omega_d}\int_0^t \ddot{u}_g(\tau)e^{-\xi\omega(t-\tau)}\sin\omega_d(t-\tau)d\tau \tag{4.6}$$

$$\dot{u}(t) = \int_0^t \ddot{u}_g(\tau)e^{-\xi\omega(t-\tau)}\cos[\omega_d(t-\tau)+\alpha]d\tau \tag{4.7}$$

$$\ddot{u}(t)+\ddot{u}_g(t) = \omega_d\int_0^t \ddot{u}_g(\tau)e^{-\xi\omega(t-\tau)}\sin[\omega_d(t-\tau)+2\alpha]d\tau \tag{4.8}$$

$u(t)$ 的最大绝对值称为位移反应谱;$\dot{u}(t)$ 的最大绝对值称为速度反应谱;$\ddot{u}(t)+\ddot{u}_g(t)$ 的最大绝对值称为加速度反应谱。用公式可表示为

$$S_D = |u(t)|_{max} \tag{4.9}$$

$$S_V = |\dot{u}(t)|_{max} \tag{4.10}$$

$$S_A = |\ddot{u}(t)+\ddot{u}_g(t)|_{max} \tag{4.11}$$

根据确定的阻尼比ξ和变动圆频率ω，就可以得到位移、速度和加速度曲线S_D、S_V和S_A，即反应谱曲线。

4.2.2 反应谱的标准化

标准化一般是指以某一值作为标准进行比较的结果。例如，以地面运动幅值最大值为标准，将各反应的最大值与其比较，则所得结果为标准反应谱。对于加速度反应来说，该结果可表示为

$$\beta(t) = \frac{S_A}{\left|\ddot{u}_g(t)\right|_{max}} \tag{4.12}$$

标准反应谱幅值表示结构对地震信号不同频率点的放大倍数，即结构的放大效应。

图 4.9 和图 4.10 为典型地震加速度反应谱和标准化谱。

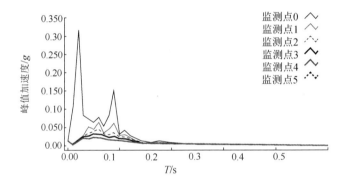

图 4.9 典型地震加速度反应谱

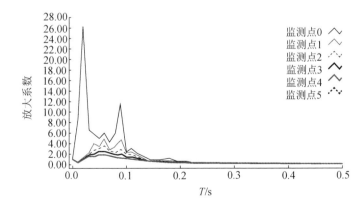

图 4.10 典型地震加速度标准化谱

4.2.3 地震持时

强震动的持时的震害及对结构的影响,主要发生在结构反应进入非线性化之后,持时的增加使出现较大永久变形的概率提高,持时越长,则反应越大,产生震害的积累效应。目前,还没有统一的计算震动持时的公式和定义,我国通常以震动峰值的 0.2 倍为计算阈值。例如,假设第 1 个大于此阈值的数据对应的时刻为 T_1,最后一个大于此阈值的数据对应的时刻为 T_2,则持时为 $T_2 - T_1$。

4.2.4 监测数据常规处理要求

已出版的《水工建筑物强震动安全监测技术规范》(SL 486—2011)中规定,场地峰值加速度记录大于 $0.002g$ 时,应对加速度记录进行常规处理分析,其内容包括:①校正加速度记录:对未校正加速度记录波形数据进行零基线和仪器频率校正,形成校正加速度记录。②速度和位移时程:对校正加速度记录波形数据进行一次、二次积分计算处理,形成速度时程和位移时程。③反应谱:对校正加速度记录计算 5 个阻尼比值(0.00、0.02、0.05、0.10、0.20)的反应谱。④傅里叶谱(FFT):对校正加速度记录计算 FFT。

4.2.5 芦山县仁加监测数据分析

地震动具有很强的随机性,同一次地震在不同地点记录到的地震波、同一地点在不同余震事件中记录到的地震波均有很大差异。对工程抗震而言,地震动的主要特性除其振幅外,还可以通过频谱和持时来描述。地震动频谱特性是指地震动对具有不同地震周期的结构反应特性的影响。凡是表示一次地震动中振幅与频率关系的曲线,统称为频谱(陈国兴等,2007)。地震动的主频率集中于低频段,它将引起长周期结构物的巨大反应;反之,地震动的主频率集中于高频段,则它对刚性结构物的危害大,即共振效应。

大量地震监测数据及理论分析表明,地震动的频谱组成随场地条件而改变(谢礼立等,1988)。震害经验和试验研究都表明,地震动持时对结构物的破坏也具有重要影响(陈国兴等,2007)。大多数地震工程学家都认为地震动持时是地震动工程特性的三要素之一,他们从实际震害调查资料、结构的低周期疲劳现象、破坏的累积效应、试验与理论分析等方面进行分析研究。

选取峰值加速度较高的两次典型余震事件[2013.04.21(Ms 4.2)][2013.04.22(ML 4.0)],仁加电站后山斜坡监测点代表性余震 FFT 展示如表 4.18 所示。对所有余震监测数据解析整理后,结果如表 4.19 所示。

表 4.18 典型余震事件傅里叶谱统计表

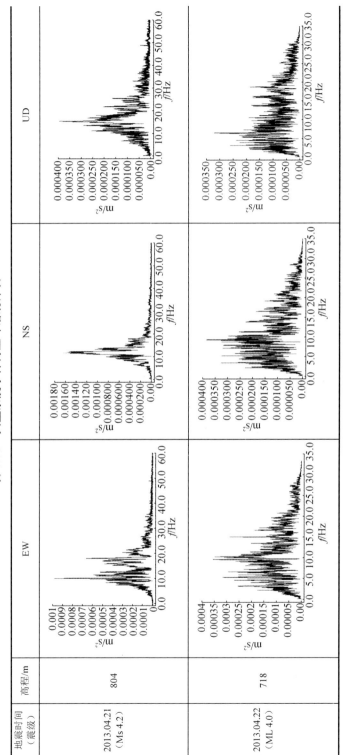

表 4.19 典型余震主频

地震时间（震级）	高程/m	主频/Hz		
		EW	NS	UD
2013.04.21（ML 3.8）	804	13.26	9.68	13.56
	728	9.64	5.56	12.64
2013.04.21（Ms 4.2）	804	8.07	9.43	4.81
	728	5.24	8.81	3.93
2013.04.21（ML 3.6）	804	15.02	13.48	14.49
	728	5.53	6.53	7.86
2013.04.21（Ms 2.9）	804	9.66	18.72	19.51
	728	12.08	11.28	12.56
2013.04.21（Ms 4.3）	804	10.54	14.38	6.47
	728	12.53	3.31	6.54
2013.04.22（ML 4.0）	804	8.79	6.69	7.91
	728	6.22	6.63	4.74
2013.04.22（ML 3.7）	804	6.47	13.26	18.76
	728	8.46	6.64	7.01
2013.04.22（ML 3.9）	804	8.74	19.66	11.81
	728	8.21	8.24	12.34
2013.04.23（ML 3.5）	804	15.18	13.79	21.36
	728	17.91	6.61	18.54
2013.04.23（ML 3.4）	804	12.86	10.16	16.28
	728	10.17	12.86	14.39
2013.04.23（Ms 4.5）	804	9.38	18.07	7.53
	728	7.49	4	7.52
2013.04.23（ML 4.0）	804	9.69	10.94	6.46
	728	10.09	9.34	6.59
2013.04.24（ML 3.6）	804	12.53	11.18	12.16
	728	11.54	11.37	8.11
2013.04.28（ML 3.6）	804	19.33	22.81	19.13
	728	20.94	8.34	10.27
2013.04.30（ML 3.2）	804	9.46	18.14	21.83
	728	11.48	9.2	9.14
2013.05.01（Ms 4.2）	804	8.84	9.28	7.11
	728	10.26	9.53	7.11

续表

地震时间（震级）	高程/m	主频/Hz		
		EW	NS	UD
2013.05.02（ML 3.6）	804	15.22	12.79	6.41
	728	11.36	12.99	9.64
2013.05.04（ML 3.7）	804	8.68	19.38	15.69
	728	16.49	4.76	8.57
2013.05.05（ML 3.0）	804	9.41	13.98	18.74
	728	7.62	8.86	14.36
2013.05.06（ML 3.6）	804	11.12	5.59	5.34
	728	6.71	6.66	5.32
2013.05.10（ML 3.4）	804	17.06	9.21	11.72
	728	11.83	5.36	9.43
2013.05.11（ML 3.6）	804	9.79	13.59	14.27
	728	13.06	13.42	7.93
2013.05.11（Ms 3.8）	804	6.61	7.63	7.57
	728	8.19	3.11	7.94

通过 FFT 分析可以看出，低高程（728m）水平向频谱与高高程（804m）水平向频谱存在一定的差别，前者频谱波峰单一且明显，主频波峰在 10Hz 左右，后者主频存在 2 次或多次波峰。

通过对监测点主频平均值统计显示，河谷监测点 728m 高程水平向主频范围为 3.11～20.94Hz，其中水平东西向平均值为 10.58Hz，水平南北向平均值为 7.97Hz；山上坡折处监测点 804m 高程水平向主频范围为 5.59～22.81Hz，其中水平东西向平均值为 11.12Hz，水平南北向平均值为 13.12Hz。

河谷监测点 728m 高程竖直向主频范围为 3.39～18.54Hz，平均值为 9.34Hz；山上坡折处监测点 804m 高程竖直向主频范围为 4.81～21.83Hz，平均值为 12.56Hz。统计分析可知，竖直向主要以低频为主，频率变化较大，对比显示各监测点水平向主频值多大于竖直向主频值。

场地震动反应谱是指在给定的地震加速度作用期间内，场地的最大位移反应、速度反应和加速度反应随质点自振周期变化的曲线。课题组选取了加速度峰值较大的两次余震［2013.04.21（Ms 4.2）］［2013.04.22（ML 4.0）］，参照标准《水工建筑物强震动安全监测技术规范》（DL/T 5416—2009）校正加速度，分别计算其水平与竖直分量在阻尼比 0.05、0.10、0.20（分别对应图中监测点 0、监测点 1、监测点 2）作用下的加速度反应谱（表 4.20）。

表 4.20 典型余震动反应谱

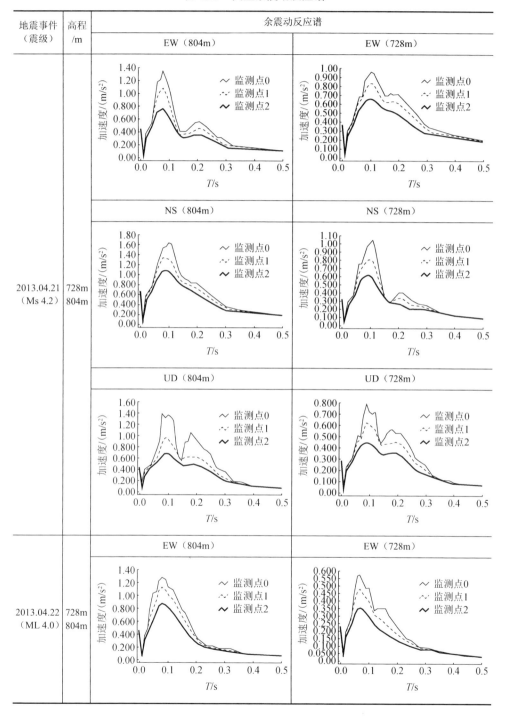

续表

地震事件 （震级）	高程 /m	余震动反应谱	
		NS (804m)	NS (728m)
2013.04.22 (ML 4.0)	728m 804m	UD (804m)	UD (728m)

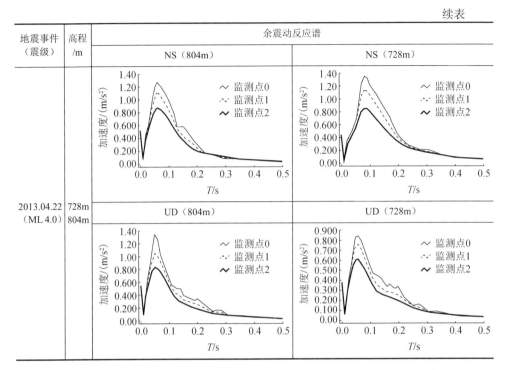

监测点反应谱动力特性显示，随着阻尼比的增大响应加速度幅值减小，反应谱曲线动力放大系数也减少，但反应谱曲线基本形态差别不大，卓越周期基本一致，表明场地介质的阻尼特性只影响其地震动幅值，并不会影响地震过程中的动反应特性。

经统计，在相同阻尼比条件下监测余震，在仁加电站后山斜坡低高程（728m）各方向反应谱大小依次为东西向>南北向>竖直向，高高程（804m）各方向反应谱大小依次为南北向>竖直向>东西向。各高程斜坡水平向斜坡反应谱曲线多呈单峰型，竖直向斜坡反应谱曲线主要为多峰型，卓越周期在0.1~0.3s。

4.2.6 泸定县冷竹关监测数据分析

位于"半岛状"山脊上的1#监测点和2#监测点在3次地震中的加速度FFT如表4.21所示。由表4.21可得，在同次地震中各监测点的水平向取得峰值的频段相差不大，与竖直向频段有一定的差距。例如，在芦山2013.04.20（Ms 7.0）地震中，1#监测点水平向卓越频率集中在2~6Hz，在较高频段能量分布较小；而竖直向卓越频率集中在4~8Hz，且其在高频段仍然有分布。2#监测点水平向卓越频率在2~10Hz，在较高频段分布较少；而竖直向卓越频率主要集中在3~5Hz，在较高频段也有分布。由此可得出水平向呈现出单峰值特征，能量分布呈现出"细窄型"特征；竖直向能量分布频段较宽，呈现出典型的"矮胖型"特征。从幅值特征上看，各个监测点两个水平向的幅值相差不是很大，也不存在某个方向幅值一定大于另外一个方向，这可能与山体偏振、地震震源、传播方向等因素有关；但水平任何一个方向的峰值都较竖直向峰值大。对比1#监测点和2#监测点幅值特征，2#监测点频率组成段较1#监测点复杂，且1#监测点幅值峰值都较2#监测点大，有的相差接近10倍，这也说明位于"半岛状"山脊顶部傅里叶幅值比相对高程较低的监测点的傅里叶幅值反应明显。

表 4.21　1#监测点和 2#监测点在 3 次地震中的加速度 FFT

地震事件	监测点编号	加速度 FFT
芦山 2013.04.20（Ms 7.0）	1#	
	2#	

续表

地震事件	监测点编号	加速度 FFT
康定 2014.11.22 （Ms 6.3）	1#	
	2#	

续表

地震事件	监测点编号	加速度 FFT
康定 2014.11.25 （Ms 5.8）	1#	（EW、NS、UD 三分量加速度 FFT 幅值/(cm/s) 随 f/Hz 变化曲线）
	2#	（EW、NS、UD 三分量加速度 FFT 幅值/(cm/s) 随 f/Hz 变化曲线）

根据《水工建筑物强震动安全监测技术规范》（SL 486—2011），对记录的加速度波形数据进行零基线和仪器频率校正后，分别计算加速度水平和竖直分量在

不同阻尼比（0.05、0.10、0.20）下的加速度反应谱，结果如表 4.22 所示，表中只列举了康定 2014.11.25（Ms 5.8）级的数据。从表 4.22 可以看出，随着阻尼比的增大，其各个方向的加速度响应幅值逐渐减小，当阻尼比为 0.05 时加速度幅值最大，阻尼比为 0.20 时其幅值最小；各个监测点的水平向或竖直向加速度反应谱起伏形状在不同阻尼比下较为一致，都基本在同一时间取得加速度反应谱峰值。其结果表明，场地介质的阻尼特性只影响其地震动振幅值，对地震动过程特性的影响不明显。各监测点两个水平向加速度反应谱幅值在相同阻尼比下，并未表现为一个方向大于另外一个方向，但水平向的幅值基本上大于相应的竖直向幅值，与加速度时程曲线规律表现一致。对比位于孤立山脊不同高程的 1#监测点和 2#监测点的加速度反应谱，可以看出较高高程的 1#监测点水平向幅值在同一阻尼比下约为 2#监测点的 2.9~6.2 倍，竖直向约为 3.3 倍；1#监测点各个方向在阻尼比为 0.20 时的幅值仍然大于 2#监测点在阻尼比为 0.05 的幅值；这都说明 1#监测点的地震动响应都较 2#监测点强。

表 4.22 各监测点不同阻尼比下的加速度反应谱

地震事件	监测点编号	方向	加速度反应谱
康定 2014.11.25 （Ms 5.8）	1#	EW	
		NS	

续表

地震事件	监测点编号	方向	加速度反应谱
康定 2014.11.25 （Ms 5.8）	1#	UD	
	2#	EW	
	2#	NS	
	2#	UD	

根据加速度反应谱可以求出各监测点各个方向的特征周期值，《建筑抗震设计规范（2016年版）》（GB 50011—2010）根据特征周期对场地类别进行了划分（表4.23）。根据加速度反应谱可以得到1#监测点所属场地类别为I_1，2#监测点场地类别属于I_0。

表 4.23 GB 50011—2010 场地划分

设计地震分组	场地类别				
	I_0	I_1	II	III	IV
第1组	0.2	0.25	0.35	0.45	0.65
第2组	0.25	0.3	0.4	0.55	0.7
第3组	0.3	0.35	0.45	0.65	0.9

注：表中数据表示特征周期值，单位为 s。

由表 4.24 可得，4#监测点各个方向频率分布段都较广，EW 向出现两个卓越频率，分别为 5Hz、12～13Hz，各个频段的幅值分别为 17cm/s、19cm/s，各个频段的能量分布较为均一；NS 向卓越频率为 8～12Hz，幅值达到了 20cm/s，能量主要分布在中间频段；竖直向卓越频率表现不是很明显，在 5Hz 左右达到幅值 12cm/s。由此可以看出，4#监测点水平向卓越频率相差不大，幅值大小也相近，都较竖直向大。5#监测点 EW 向出现卓越频率较为明显，在 5Hz 左右，幅值达到了 30cm/s，能量分布呈现出"单峰值"曲线特性，且高频段分布较少；NS 向卓越频率也在 5Hz，幅值达到了 32cm/s，呈现出"单峰值"曲线特性，且高频段分布较少；竖直向卓越频率出现两个频段，分别在 5～10Hz 和 20～25Hz，各个频段的幅值分别为 15cm/s、14.532cm/s，呈现出"矮胖型"。由此可以看出，5#监测点水平向卓越频率相差不大，幅值大小也接近，都较竖直向大，且水平向和竖直向曲线特征相差较大。对比 4#监测点和 5#监测点 FFT，发现 4#监测点的水平向分量频段较 5#监测点广，能量呈现出不同的曲线形态，竖直向相差不大，但卓越频率分布段差异也较大；各个方向的幅值表现为 5#监测点较 4#监测点大，呈现出随高程增加的特征。

表 4.24 各监测点加速度 FFT

地震事件	监测点编号	加速度 FFT
芦山 2013.04.20（Ms 7.0）	4#	

续表

地震事件	监测点编号	加速度FFT
芦山 2013.04.20 Ms 7.0	5#	(EW, NS, UD三方向FFT频谱图,横轴 f/Hz 0~30,纵轴加速度FFT幅值/(cm/s))

计算各监测点在不同阻尼比下的加速度反应谱,如表4.25所示。从两个监测点加速度反应谱可以看出,随着阻尼比的增大,其各个方向的加速度响应幅值逐渐减小。当阻尼比为0.05时加速度幅值最大,4#监测点EW向、NS向和UD向峰值分别为124cm/s^2、150cm/s^{2}和61cm/s^2,5#监测点EW向、SN向、UD向峰值分别为107cm/s^2、158cm/s^{2}和72cm/s^2。各个监测点的水平向或竖直向加速度反应谱起伏形状在不同阻尼下较为一致,都基本在同一时间取得加速度反应谱峰值。其结果表明,场地介质的阻尼特性只影响其地震动幅值,对地震动过程特性的影响不明显。各监测点两个水平向加速度反应谱幅值在相同阻尼比下,NS向明显大于EW向,两个水平向幅值都比竖直向幅值大,与加速度时程曲线规律表现一致。对比位于坡折部位的4#监测点和坡折过渡段的5#监测点,可以看出4#监测点EW向峰值比5#监测点大,其余两个方向都是5#监测点较大,但相差不大,得到加速度反应谱幅值并未随着高程增加而呈现增长的趋势,一些方向还出现了衰减,说明斜坡坡折部位较过渡段地形放大效应明显或接近。

表 4.25　各监测点在不同阻尼比下的加速度反应谱

地震事件	监测点编号	方向	加速度反应谱
芦山 2013.4.20 （Ms 7.0）	4#	EW	
		NS	
		UD	
	5#	EW	

续表

地震事件	监测点编号	方向	加速度反应谱
芦山 2013.4.20 （Ms 7.0）	5#	NS	（图：阻尼比为0.05、0.10、0.20的加速度反应谱，纵轴最大160 cm/s²）
		UD	（图：阻尼比为0.05、0.10、0.20的加速度反应谱，纵轴最大80 cm/s²）

根据加速度反应谱可以求出各监测点各个方向的特征周期值，因此根据表 4.25 可以得到 4#监测点和 5#监测点所属场地都为 I_0。

位于直线型斜坡上 6#-5 监测点和 7#-3 监测点在芦山地震中的加速度 FFT 如表 4.26 所示。由表 4.26 可知，6#-5 监测点 3 个方向能量分布在 0~15Hz 频段，EW 向和 NS 向卓越频率较为一致，都在 1.5~2Hz，取得的幅值分别为 3.4cm/s、4.4cm/s，随着频率增加呈现出递减的趋势；UD 向卓越频率集中在 2~3Hz，取得的幅值为 4.0cm/s，各频段的能量分布较均一，卓越频率后段出现了"陡坎式"降低，后半段幅值也较水平向幅值小；各个方向幅值表现为 NS 向>UD 向>EW 向。7#-3 监测点能量主要分布在 0~15Hz 频段，水平两个方向 FFT 形状相差不大，卓越频率都相差不大，都在 1~3Hz，EW 向和 NS 向取得的幅值分别为 5.5cm/s、3.7cm/s，卓越频率后段幅值呈现渐进性的衰减；UD 向卓越频率在 2.5Hz 左右，并取得的幅值为 3.4cm/s，在卓越频率后段幅值也出现了小段的"陡坎式"衰减；各个方向幅值表现为 EW 向>NS 向>UD 向。对比 6#-5 监测点和 7#-3 监测点 FFT，发现二者水平向 FFT 形状相差不大，但前者的能量分布较为均一，能量集中频段也较后者广，竖直向与水平向也呈现出相同的特征；对比各监测点幅值特征，EW 向表现为 6#-5 监测点小于>7#-3 监测点，NS 向和 UD 向呈现出相反的特征，各个方向的幅值并未随着高程呈现出增加的趋势，这可能与各监测仪器水平埋深及边坡动力反应高度相关。

表 4.26 各监测点加速度 FFT

地震事件	监测点编号	加速度 FFT
芦山 2013.04.20 （Ms 7.0）	6#-5	
	7#-3	

计算各监测点在不同阻尼比下的加速度反应谱，如表 4.27 所示。从两个监测点加速度反应谱可以看出，随着阻尼比的增大，其各个方向的加速度响应幅值逐渐减小，各个方向加速度反应谱起伏形状在不同阻尼比下趋于一致，都在同一时间段取得加速度反应谱峰值。当阻尼比为 0.05 时加速度反应谱幅值最大，6#-5 监

测点 EW 向、NS 向、UD 向峰值分别为 27cm/s²、37cm/s² 和 52cm/s²，表现为 UD 向>NS 向>EW 向，且 UD 向较其余两个水平向幅值大得多；7#-3 监测点在阻尼比为 0.05 下的幅值分别为 30cm/s²、27cm/s² 和 40cm/s²，表现为 UD 向>EW 向>NS 向，两个水平向的幅值相差不大。其结果表明，场地介质的阻尼特性只影响其地动振幅值，对地震动过程特性的影响不明显。对比位于不同高程的 6#-5 监测点和 7#-3 监测点，可以看出 6#-5 监测点的 EW 向幅值较 7#-3 监测点小，而其余两个方向则相反，表明加速度反应谱幅值并未随着高程增加而增加，一些方向还出现了衰减，这可能与各监测仪器水平埋深及边坡动力反应高度相关。

表 4.27　各监测点在不同阻尼比下的加速度反应谱

地震事件	监测点编号	方向	加速度反应谱
芦山 2013.04.20 （Ms 7.0）	6#-5	EW	
		NS	
		UD	

续表

地震事件	监测点编号	方向	加速度反应谱
芦山 2013.04.20 （Ms 7.0）	7#-3	EW	
		NS	
		UD	

根据加速度反应谱可以求出各监测点各个方向的特征周期值，因此根据表 4.27 可以得到两个监测点所属场地都为 I_0。

4.3 地震动幅值放大效应分析

以芦山县仁加监测斜坡为例，结合斜坡自身的坡高、地形地貌、地质构造、地层岩性特征，以及震中距和震中方位、地震波的频率等众多重要因素，分析斜坡地震动响应加速度、速度及位移的地震动幅值的放大效应特征。

4.3.1 斜坡地震动响应放大效应与坡高的关系

坡高是影响斜坡对地震响应大小的重要因素。研究表明,地震荷载作用下,在一定坡高范围内,斜坡质点对地震的响应程度逐渐增大。为了进一步研究坡高对斜坡在地震作用下的影响,查明斜坡不同高程部位对地震加速度的响应规律,首先需要合理选择监测点,排除地形地貌、地层岩性等对斜坡地震动响应的影响。下面对低高程(728m)、中高程(755m)和高高程(804m)3 处监测点所采集的一次 ML 3.2 余震动反应谱进行对比分析,如图 4.11 和表 4.28 所示。

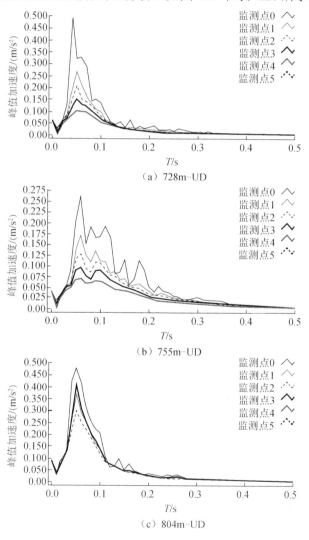

图 4.11 L3.2 余震动反应位置分布

表 4.28 清仁乡仁加村监测剖面监测数据

发震日期	发震时刻	纬度/(°)	经度/(°)	深度/km	震级	事件类型	参考地
2013.06.16	03:11:53.4	30.27	102.79	21	ML3.2	天然地震	四川省芦山县

如图 4.11 可知，低高程 728m 监测点和高高程 804m 监测点，由于同处于凸形人造水泥平台上，地形地貌及地层高度相似，因此该次地震的加速度反应谱曲线形状相差不多，仅因高程放大作用，在相同阻尼比下，山上的反应谱幅值较山下有相应增大。

故在此基础上选择 3#（728m）监测点和 5#（804m）监测点，对所捕捉到的余震数据进行分析，所有数据均采取滤波 30Hz 处理，数据处理后如表 4.29 所示，求得各分量的平均值随高程增加呈递增的趋势。

表 4.29 各监测点峰值加速度对比表

监测点	高程/m	方向	峰值加速度/($\times 10^{-3}$m/s²)								平均峰值加速度/($\times 10^{-3}$m/s²)
3#	728	EW	43.2	65.9	40.5	46.1	53.9	42.0	41.3	33.3	45.8
		NS	25.4	29.2	60.4	82.4	24.0	20.0	26.50	21.8	36.2
		UD	25.1	25.4	28.9	29.7	49.8	24.0	28.10	24.3	29.4
5#	804	NS	86.1	142.5	100.5	147.1	222.8	108.6	101.6	81.1	123.8
		NS	282.3	295.4	295.6	262.5	202.5	179.2	230.4	192.3	242.5
		UD	46.5	62.6	100.3	110.1	47.3	65.3	84.2	44.9	70.2

取一次典型的余震事件，做出两监测点的加速度时程曲线，如表 4.30 所示。速度时程曲线与位移时程曲线分别如表 4.31 和表 4.32 所示。

从表 4.30 可以看出，5#监测点捕捉到的余震数据相对于 3#监测点捕捉到的余震数据各向均表现为放大，其中竖直向峰值加速度放大约 2 倍。这说明，随着斜坡高程的逐渐增加，斜坡对地震加速度的响应程度也在增加。

表 4.31 和表 4.32 也与地震加速度时程曲线规律相同，表现出从低高程到高高程，728m 到 804m 海拔范围内各向速度、位移响应曲线逐渐变大，其中竖直向速度放大约 3 倍，竖直向位移放大约 4 倍。这也说明，随着高度的逐渐增高，斜坡对地震波的响应逐渐增加。

表 4.30 加速度时程曲线对比

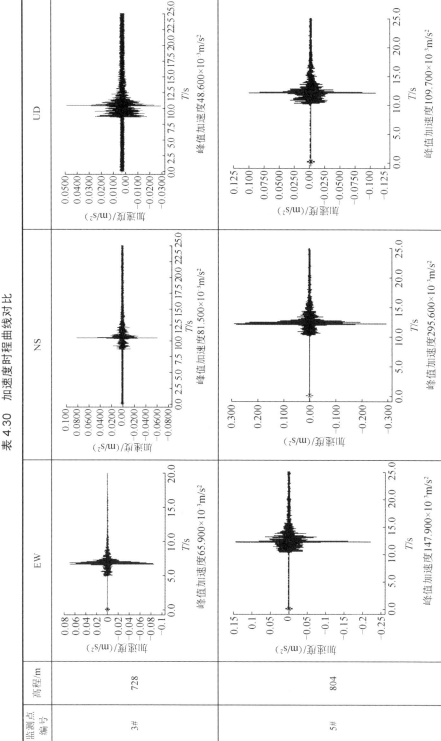

表 4.31 速度时程波形图对比

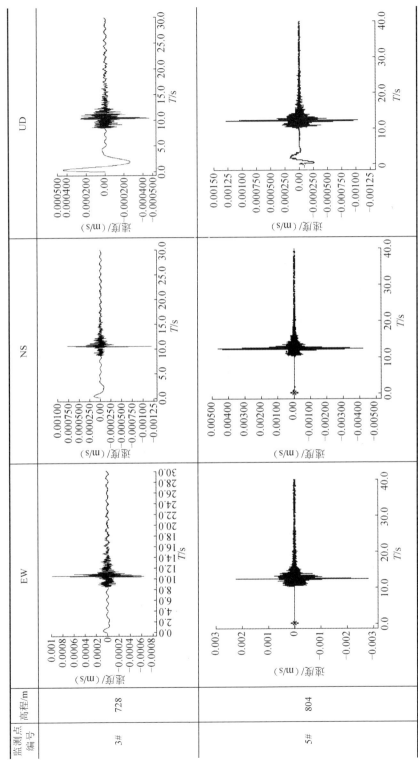

表 4.32 位移时程波形图对比

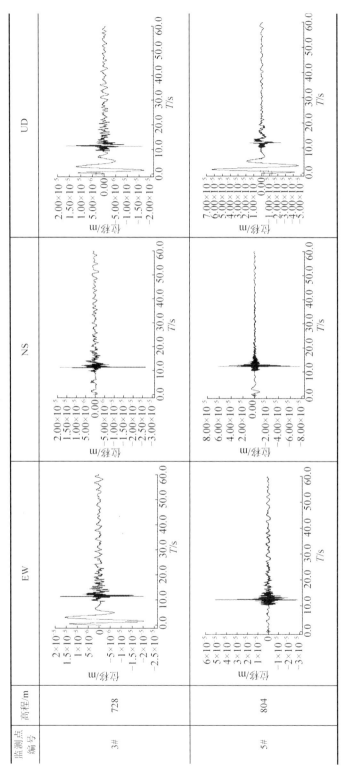

参照低高程监测点（728m），高高程监测点（804m）的放大系数普遍都大于1，其中水平东西向放大系数平均值为 1.64，水平南北向平均值为 1.48，竖直向平均值为 1.33。这些都说明了在一定高程内，斜坡地震动响应放大系数随着高度的增加而增大。

4.3.2 斜坡地震动响应放大效应与地形地貌的关系

芦山县清仁乡仁加村展布于深切河谷形成的近南北向狭长形二级阶地之上，监测剖面所在的仁加电站后山海拔 714～1390m，地形高差 676m，属微切割中低山地貌，地形平均坡度 38°。监测剖面监测点分布在海拔 718～804m 的高程范围内，地形地貌较为复杂。地形地貌对斜坡地震动响应有较大的影响作用，为了研究地震荷载作用下地形地貌对斜坡动力响应的影响规律，现对处于相同高程、不同地形的监测点数据进行分析，数据处理分为水平向和竖直向，水平向选择南北向。由于篇幅有限，本节仅解析示意一次余震的地震动幅值特征（表 4.33～表 4.35），其余分析结果如表 4.36 所示。

低高程 2#监测点（723m）和 3#监测点（728m）高程基本一致，但 2#监测点处于开阔的水泥平地，3#监测点位于凸形陡坎的水泥平台之上，已有研究表明，地震荷载作用下斜坡质点响应最大的部位常常出现在斜坡的突出部位、单薄山梁及坡折部位。从统计数据上看，3#监测点相对 2#监测点，在加速度、速度、位移方面均表现为放大，一般由于竖直向受其他因素干扰最小，因此选取该方向的对比最能代表其放大性。竖直向峰值加速度放大系数在 1.34 左右，大于前一节中由 100m 高程差所致的放大系数 1.33，说明地形地貌对斜坡地震动响应的控制相对于一定范围内的高程因素而言，其放大作用影响更为凸显。

表 4.33 2013.06.30（ML 2.6）地震加速度时程曲线对比

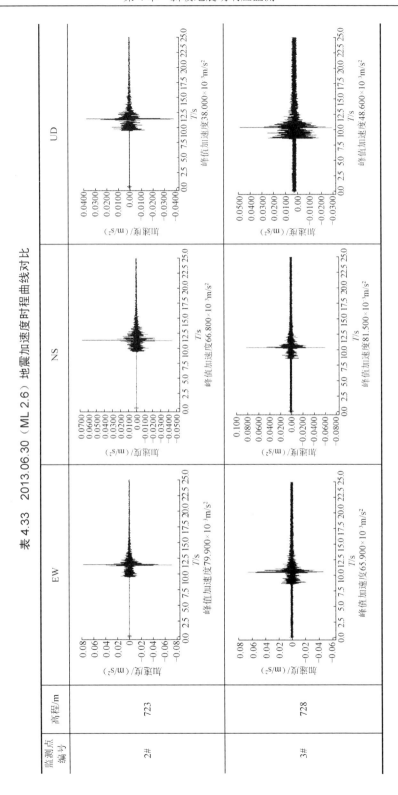

表 4.34　2013.06.30（ML 2.6）地震速度时程曲线对比

监测点编号	高程/m	EW	NS	UD
2#	723			
3#	728			

表 4.35 2013.06.30（ML 2.6）地震位移时程曲线对比

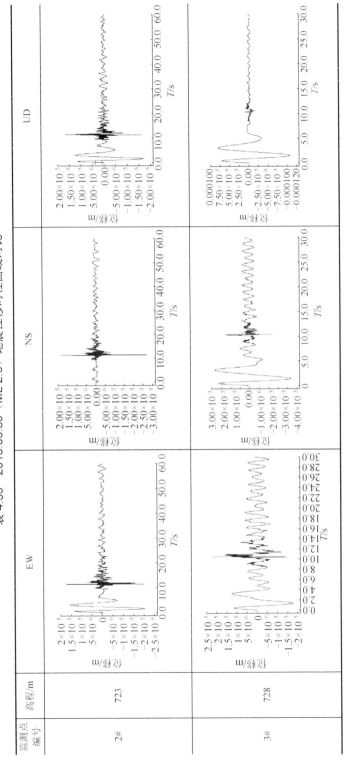

表 4.36　仁加电站后山实测余震数据分析结果

时间	震级	地震动峰值加速度/(10^{-3}m/s^2)						相对放大系数		
		平面型 2#监测点			凸型 3#监测点					
		EW	NS	UD	EW	NS	UD	EW	NS	UD
2013.5.5 20:43:18.3	ML 3.0	25.4	65.9	74.9	53.6	72.5	99.1	2.11	1.1	1.32
2010.5.11 05:55:37.7	ML 3.6	46.7	34.5	21.6	71.5	72.1	30.9	1.53	2.1	1.43
2010.6.16 03:44:03.8	ML 2.6	79.9	66.8	38.0	65.9	81.5	48.6	0.82	1.22	1.28

4.3.3　斜坡地震动响应放大效应与地层岩性的关系

地震波在传递过程中，会遇到不同的传播介质，而各介质的阻尼比各不相同，监测得到的数据的传播介质是不同性质的地层，因此地层岩性与斜坡地震动响应间的关系非常密切。岩石的成分、密度，岩石颗粒的分选性、磨圆度、胶结度等均不同程度地影响着斜坡地震动响应特征的大小及其致灾性。为了初步研究地震作用下斜坡动力响应与不同地层岩性间的影响规律，现对处于相同高程、不同地层岩性的监测点数据进行分析，数据处理分为水平向和竖直向，水平向选择南北向。选取一次余震［2013.05.10（ML 3.4）］的地震动幅值特征（表 4.37～表 4.39）进行分析，其余分析结果如表 4.40 所示。

为研究地层影响，特选取海拔和地形基本相同的低高程 1#监测点（718m）和 2#监测点（723m）作对比，但 2#监测点处于电站内开阔的水泥平地，下与名山组含砂砾岩黏连；1#监测点位于河谷漫滩处，为第四系冲洪积层，两者所在地层有较大差异。从统计数据上看，1#监测点相对 2#监测点，在加速度、速度、位移方面均表现出较明显的放大，一般由于竖直向受其他因素干扰程度最小，因此选取该方向的数据对比最能代表其放大性，在较大震级（ML 3.4）中竖直向峰值加速度放大系数 1.3 大于低震级（ML 1.5）中相应放大系数 1.1，震级越高，地层岩性导致的放大效应更为明显。

在汶川地震余震监测［绵竹九龙剖面（图 3.11）］中曾揭示当覆盖层厚度大于 5m 时，覆盖层对地震波有放大作用。芦山县仁加村监测剖面 1#监测点所在的河谷沟道地带第四系卵砾石黏土层，相比于 2#监测点的名山组含砾砂岩而言，其胶结差，孔隙多（含空气和水），有一定分选（含韵律层，上细下粗交互层叠），而地震波在多相物质和不同组分地层间传播时，会进行折射和反射，波峰波谷相互叠加，这将明显增强地震动响应特性。同时，较软弱岩土体相对于坚硬完整的岩体，其强度更低，但在强震条件下，将更容易达到其破坏强度，发生地质灾害。这与第 3 章所述野外调查中，滑坡以浅表第四系覆盖层滑塌为主和崩滑主要分布在较新地层（成岩时间短，以砂岩、砾岩、泥岩为主）中的结果相印证。同时，这也与唐川研究的绵远河流域第四系主要分布河流阶地和堆积扇特征的结论相一致。

第4章 斜坡地震动响应监测

表 4.37 地震加速度时程曲线对比

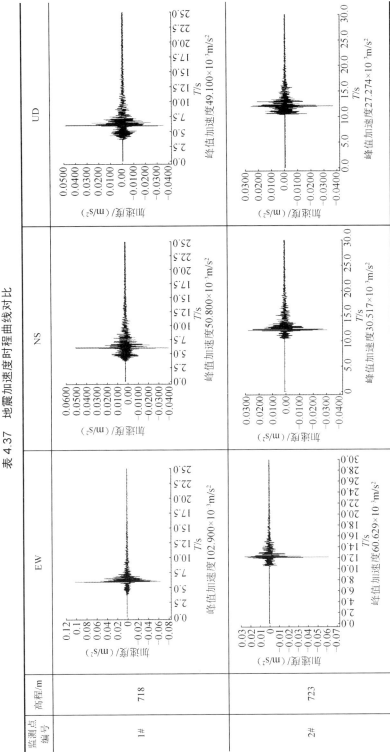

表 4.38 地震加速度时程曲线对比

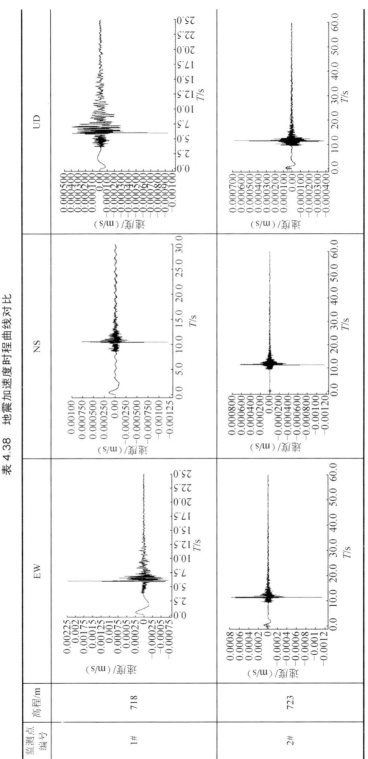

表 4.39 地震位移时程曲线对比

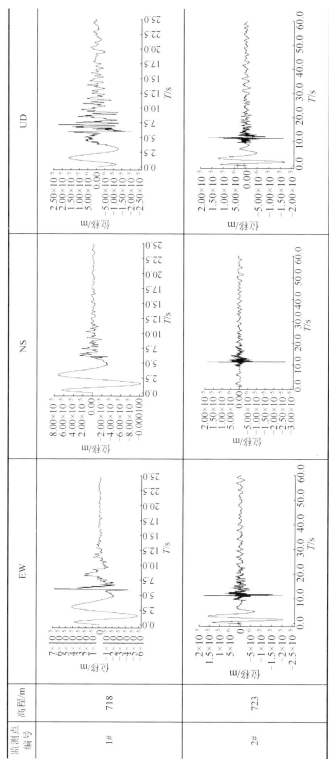

表 4.40 仁加电站后山实测余震数据分析结果

时间	震级	地震动峰值加速度/($\times 10^{-3}$m/s^2)						相对放大系数		
		第四系冲洪积层 1#监测点			含砾砂岩 2#监测点					
		EW	NS	UD	EW	NS	UD	EW	NS	UD
2013.4.23 22:04:06.3	ML 1.5	69.9	54.4	50.6	107	131	58.9	1.5	2.4	1.1
2013.5.10 12:12:52.0	ML 3.4	103	50.8	49.1	60.6	30.5	37.3	1.7	1.5	1.3

4.3.4 斜坡地震动响应放大效应与震中距的关系

震中距指从地面上的某一点到震中的距离。地震波在传播过程中，由于传播介质的阻抗，能量逐渐消耗减弱，震中距越小，离地震发生地越近，就越接近震中所释放的能量，烈度也越高，地面造成的破坏力越大。在其他影响条件相同的情况下，靠近震源附近场地的地震动振幅有着更为明显的放大效应，随着远离震源，放大作用明显降低。

为了排除其他因素干扰，课题组选择震级和震源深度基本相同、地震波传播方向与监测剖面所在斜坡方向基本一致（与斜坡主方向成锐角，反之为钝角）的 3 次余震进行分析，其位置如图 4.12 所示。监测点上挑选地形地貌和岩性基本相同，仅海拔高程不同的 3#监测点（728m）和 5#监测点（804m），处理上选择 30Hz 滤波剔除周围环境干扰，分析结果如表 4.41 所示。

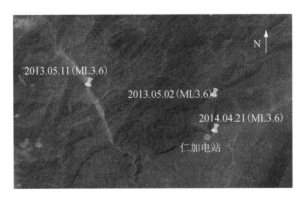

图 4.12 3 次余震事件震中位置

表 4.41 典型余震监测数据分析结果

时间（震级）	震源深度/km	震中距/km	高程/m	峰值加速度/（m/s²）		
				EW	NS	UD
2014.04.21（ML 3.6）	1.9	0.44	804	0.566051	0.662441	0.446211
			728	0.470187	0.438123	0.295703
2013.05.02（ML 3.6）	1.9	3.68	804	0.41102	0.247173	0.290521
			728	0.163093	0.210831	0.210546
2013.05.11（ML 3.6）	2.2	12.25	804	0.034074	0.074567	0.02739
			728	0.022533	0.035223	0.021885

由于在水平向上受周围场地制约的干扰很大，作用规律不明显，因此一般选取竖直向对比，最能代表其放大性。震中距 0.44km，高高程点（804m）竖直向峰值加速度约为 446×10^{-3}m/s²，放大系数为 1.51；震中距 3.68km，高高程点（804m）竖直向峰值加速度约为 291×10^{-3}m/s²，放大系数为 1.38；震中距 12.25km，高高程点（804m）竖直向峰值加速度约为 27×10^{-3}m/s²，放大系数为 1.25。可见，震源越近，斜坡地震动响应放大效应越显著；震中距越大，斜坡地震动响应放大效应越弱。

4.3.5 斜坡地震动响应放大效应与震中方位的关系

震中方位对斜坡地震动响应规律的影响可以理解为地震发生时地震波传播方向与斜坡坡向的关系对斜坡地震动响应的影响。

David 等（2013）通过对我国台湾集集地震和巴基斯坦 Kashmir 地震诱发滑坡的研究发现，当沟谷走向与发震断裂近于垂直时，背坡面（坡向与地震波传播方向相同）一侧的滑坡密度远远大于迎坡面（坡向与地震波传播方向相反）一侧，并将这种现象定义为"背坡面效应"。唐春安等人认为压缩波在斜坡自由面将生成倍增的反射拉伸波，从而导致边坡的散裂或层裂，进而崩落破坏，形成"背坡面效应"；许强等（2009）通过大量研究发现，"背坡面效应"在汶川地震中大量存在。

通过对"4·20"芦山地震震后地质灾害的调查分析，课题组同样发现，地震波传播方向与斜坡坡向夹角的大小对斜坡致灾也存在一定关系。当地震波传播方向与斜坡坡向相同时，斜坡地质灾害的发育程度要大于地震波传播方向与斜坡坡向相反的情况。为了研究地震波传播方向与斜坡坡向之间的关系对斜坡致灾的影响，现对清仁乡仁加村地震监测剖面所监测到的两组余震数据（表 4.42）进行分析。为了排除周围环境对地震数据所造成的干扰，我们对各采集点所采集到的数据进行 30Hz 滤波处理。

表 4.42　清仁乡仁加村地震监测剖面监测数据

编号	地点	经纬度		发震时间	震级	震源深度/m	震中距/m	地震波传播方向与坡向的关系
		纬度/(°)	经度/(°)					
①	清仁乡	30.23	102.93	2013.04.24 11:10:50.5	ML 3.6	1900	1606	地震波传播方向与仁加电站后山坡向一致
②	清仁乡	30.21	102.90	2013.05.05 20:43:18.3	ML 3.0	1400	3686	
③	清仁乡	30.24	102.95	2013.04.23 01:38:03	ML 3.5	1200	2813	地震波传播方向与仁加电站后山坡向相反
④	清仁乡	30.21	102.95	2013.04.28 06:34:36.7	ML 3.6	1400	1429	

我们将 2013.05.05（ML 3.0）与 2013.04.23（ML 3.5）余震分成一组，为组Ⅰ；2013.04.24（ML 3.6）与 2013.04.28（ML 3.6）余震分成一组，为组Ⅱ，进行数据分析，其位置如图 4.13 和图 4.14 所示。监测点上选择地形地貌和岩性基本相同，仅高程不同的 3#监测点（728m）和 5#监测点（804m），分析结果如表 4.43 所示。

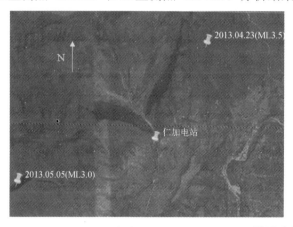

图 4.13　2013.05.05（ML 3.0）与 2013.04.23（ML 3.5）地震震中位置

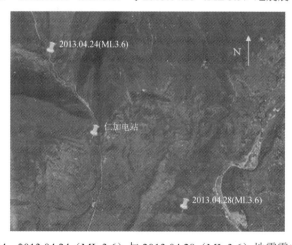

图 4.14　2013.04.24（ML 3.6）与 2013.04.28（ML 3.6）地震震中位置

表 4.43 清仁乡仁加村地震监测剖面监测余震数据分析结果

地震时间 （震级）	高程/m	峰值加速度/（m/s²）			阿里亚斯强度/（m/s）		
		EW	NS	UD	EW	NS	UD
2013.04.23 （ML 3.5）	804	0.130766	0.091012	0.087435	0.000225	0.000209	0.000112
	728	0.072592	0.085912	0.05225	0.000056	0.000081	0.000059
2013.05.05 （ML 3.0）	804	0.072455	0.05356	0.099107	0.000124	0.000127	0.000097
	728	0.025358	0.065934	0.07486	0.000032	0.00005	0.000047
2013.04.24 （ML 3.6）	804	0.072095	0.071508	0.045397	0.000142	0.000147	0.000078
	728	0.04656	0.03453	0.027744	0.000052	0.000045	0.000047
2013.04.28 （ML 3.6）	804	0.061765	0.086643	0.03635	0.000088	0.000131	0.00005
	728	0.036925	0.055834	0.02198	0.000027	0.000038	0.00002

在水平向上由于同属岩体间的传播无背坡效应，因此选取竖直向对比其放大性。经统计分析，特征如下：

1）组Ⅰ中，2013.05.05（ML 3.0）余震两监测点的竖直向地震峰值加速度均比 2013.04.23（ML 3.5）余震中所对应的数值要大，阿里亚斯强度也更大（能量更高），而 2013.04.23（ML 3.5）余震的震中距和震源深度比 2013.05.05（ML 3.0）余震要小，且震级更大。

2）组Ⅱ中，2013.04.28（ML 3.6）余震两监测点竖直向峰值加速度均比 2013.04.24（ML 3.6）余震中所对应的数值要大，阿里亚斯强度也更大，而 2013.04.28（ML 3.6）余震的震中距和震源深度比 2013.04.24（ML 3.6）余震要更小，两者震级相同。

按照本节之前所得震中距、震源深度和震级大小与斜坡地震动响应间的关系，这两组中的后者理应具有更大的峰值加速度和能量，正是由于 2013.05.05（ML 3.0）和 2013.04.24（ML 3.6）余震的地震波传播方向与监测点斜坡坡向一致，而 2013.04.23（ML 3.5）和 2013.04.28（ML 3.6）余震的地震波传播方向与监测点斜坡坡向相反，事件中前者都处于背坡面，具有背坡效应，使得放大效应更为显著，以至于大于震中距、震源深度和震级所带来的控制因素影响。

4.4 地震动谱比放大效应分析

分析场地效应中常用的方法为谱比法，通常分为两种：一种为非参考场地分析法，也可称为单监测点分析；另一种为参考场地分析法，也可称为多监测点分析。前者主要是通过各个监测点本身记录的数据，假定竖直分量不受场地条件影响，然后以竖直向为参考值，作出水平向与其的比值。这种方法首先由 Nogoshi 等在 1970 年提出；然后 Nakamura（1989）对这种方法进行了推广并将其应用于地表地脉动数据来估计场地响应特征；Lermo（1993）等把这种谱比法应用于地震记录 S 波，并为该方法的应用提供了一定的理论依据；Gaudio 和 Wasowski（2007）后来提出求谱比分布极化图并求放大的频段。后者通常假定所选取的参考场地与要分析的监测点或场地受地震的震源及传播途径等影响是一致的，那么其地震动记录差异就主要受场地条件的影响。因此，在实际中必须选取距离研究区较近，其地形较平坦、开阔，而且有基岩露头的地方。但在实际中，由于场地的局限性，很难找到这种理想的参考场地（罗永红等，2013）。以地震动谱比放大明显的泸定县冷竹关监测斜坡为例进行分析，分析结果如下。

根据 1#监测点和 2#监测点的加速度记录求其 FFT，并对其进行平均和圆滑，采用传统谱比法（horizontal to vertical spectral ratio，HVSR）分析各监测点水平分量（EW 向和 NS 向）与竖直向的谱比响应曲线，如表 4.44 所示。从表 4.44 可知，对比 3 次地震，1#监测点的 3 次地震的 HVSR 谱比曲线形状相差不大，卓越频率都集中在 2~4Hz。水平东西向放大系数峰值都大于 9，在康定 2014.11.22（Ms 6.3）地震中达到了 11.2；水平南北向放大系数峰值都大于 6，在康定 2014.11.22（Ms 6.3）地震中也达到了 10.5，但在 3 次地震中其水平东西向放大系数均大于水平南北向放大系数。而 2#监测点的 3 次地震的 HVSR 谱比曲线形状相差较大，特别是芦山 2013.04.20（Ms 7.0）地震和康定两次地震差距比较明显，芦山 2013.04.20（Ms 7.0）地震中卓越频率集中在 1.5~3.5Hz，在康定两次地震中出现了多个卓越频率，分别为 1~2Hz、8~9Hz、15~17Hz。芦山 2013.04.20（Ms 7.0）地震中水平东西向和水平南北向放大系数峰值分别为 3.2 和 2.8，相差较大；而在康定 2014.11.22（Ms 6.3）和 2014.11.25（Ms 5.8）地震中水平东西向和水平南北向峰值相差不大，两次地震中分别为 6 和 3.8 左右。对比 1#监测点和 2#监测点，1#监测点放大系数明显大于 2#监测点，且 1#监测点 HVSR 谱比曲线表现出单峰值特性，频谱成分较为单一，而 2#监测点 HVSR 曲线呈现出多峰值特性频谱，成分较为复杂，这可能是山体充当了高频滤波器，使高程较高的 1#监测点对高频段不存在放大效应。

第4章 斜坡地震动响应监测

表4.44 各监测点HVSR谱比曲线

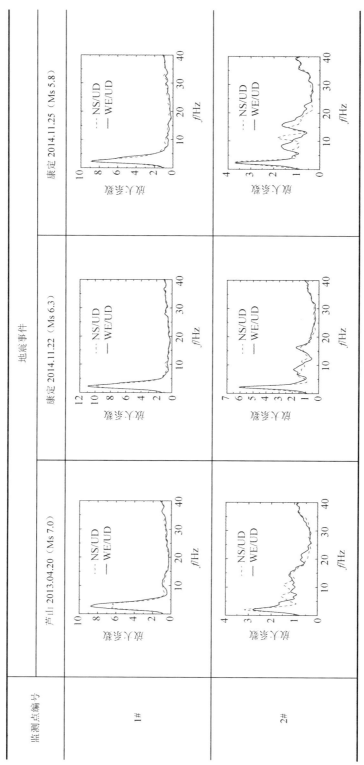

由传统的 HVSR 谱比曲线分析场地的放大特性,能较准确地获得场地卓越周期等特性,具有较普遍的应用,但是却不能得到其是否存在某个方向的放大特性。基于此,Gaudio 和 Wasowski(2011)提出 HVSR 极点图分析方法,该方法可以得到场地在任何一个方向的放大特性。利用该方法作出 1#监测点和 2#监测点 3 次地震的平均谱比极点图,如图 4.15 所示。由图 4.15 可知,1#监测点在低频段存在明显的放大效应,且具有明显的方向性:北东向在主频为 2Hz 左右存在典型的放大效应,放大系数达到 15,其分布范围也较窄;而北西向在主频为 2~3Hz 时存在典型的放大效应,放大系数达到 14。2#监测点在低频段存在放大效应较明显,其在相应的高频段也存在不同程度的放大效应,而且在低频段存在明显的方向效应:北东向在主频为 2Hz 存在明显的放大效应,放大系数达到 7 左右;而北东向在主频为 2.5~3Hz 存在明显的放大效应,放大系数达到 6~7。与传统频比法比较可以看出,此方法得到的放大系数较前者大,原因可能是此方法消除了部分竖直向的放大效应。此方法都到了两个放大效应显著的方向,与前面所述有些差距,可能是场地复杂的地形、微地貌、岩体性质差异等因素导致。

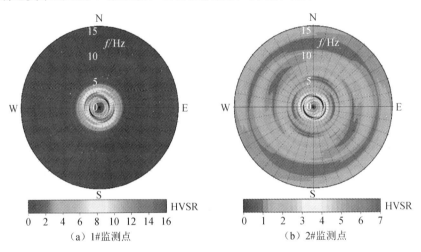

(a) 1#监测点   (b) 2#监测点

图 4.15 各监测点平均谱比极点图

根据 4#监测点和 5#监测点的加速度记录求其 FFT,并对其进行平均和圆滑,采用传统谱比法(HVSR)分析各监测点水平分量(EW 向和 NS 向)与竖直向的 HVSR 谱比曲线,如图 4.16 所示。由图 4.16 可知,4#监测点两个方向的 HVSR 谱比曲线形状相差不大,即在相同的频段取得峰值,卓越频率都集中在 12~13Hz,EW 向和 NS 向放大系数分别为 2.83 和 2.26,表现为 EW 向>NS 向,且当频率大于 20Hz 时,各个方向的谱比值出现了不同程度的衰减,即其值<1。5#监测点两个方向的 HVSR 谱比曲线形状也相差不大,即在相同的频段取得峰值,但其存在两个峰值段,卓越频率分别为 5~6Hz、14~16Hz,在前段 EW 向和 NS 向放大系数分别为 2.29 和 2.43,表现为 EW 向<NS 向,后段两个方向放大系数分别为 1.25 和 1.47,

也表现为 EW 向<NS 向，且当频率大于 18Hz 时，各个方向的谱比出现了不同程度的衰减，即其值<1。对比 4#监测点和 5#监测点 HVSR 谱比曲线及峰值特征，可知位于坡折部位的 4#监测点两个水平方向的谱比峰值都较 5#监测点大，并未表现出随高程放大的特性，这与坡折部位特殊地形有关；4#监测点 EW 向和 NS 向曲线和峰值都相差较大，而 5#监测点表现的不明显，说明 4#监测点的方向效应较 5#监测点强。

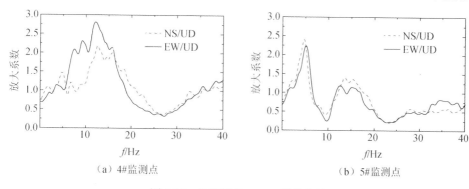

图 4.16　各监测点 HVSR 谱比曲线

基于前文的理论，求出 4#监测点和 5#监测点的平均谱比极点图，如图 4.17 所示。由图 4.17 可知，4#监测点在高频段存在明显的放大效应，且具有明显的方向性：北西向在主频为 12Hz 左右有较明显的放大效应，放大系数在 3 左右。5#监测点在两个频段存在放大效应，且存在明显的方向效应：北西向在 2~3Hz 存在明显的放大效应，放大系数达到 3 左右；而北东向在 15Hz 存在明显的放大效应，放大系数达到 2 左右。与传统频比法比较可以看出，此方法得到的放大系数较前者大，原因可能是此方法消除了部分竖直向的放大效应，再者其放大频段也有一定的差距，可能是场地复杂的地形、微地貌、岩体性质差异等因素导致。

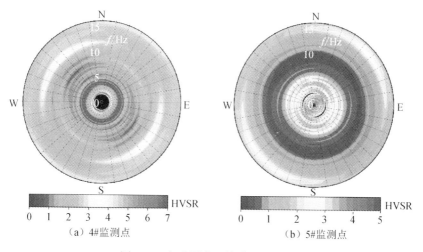

图 4.17　各监测点平均谱比极点图

对 6#-5 监测点和 7#-3 监测点的 FFT 进行平均和圆滑，采用传统谱比法（HVSR）分析各监测点水平分量（EW 向及 NS 向）与竖直向的 HVSR 谱比曲线，如图 4.18 所示。由图 4.18 可知 6#-5 监测点两个水平方向的 HVSR 谱比曲线形状相差不大，卓越频率都集中在 10Hz 左右，此时 EW 向和 NS 向放大系数分别为 3.2 和 2.6，表现为 EW 向>NS 向，当频率大于卓越频率时，两个方向的 HVSR 谱比曲线发生一定的衰减，但谱比值基本上大于 1。7#-3 监测点两个方向的 HVSR 谱比曲线形状差距较大，EW 向和 NS 向卓越频率分别为 10Hz 和 12Hz 左右，相应放大系数分别为 1.85 和 2.25，当其值大于卓越频率后，谱比曲线出现了急速衰减，各个方向的谱比值基本上小于 1 或者在 1 上下波动。对比这两个监测点 HVSR 谱比曲线及峰值特征，可知海拔较低的 6#-5 监测点两个水平方向的谱比峰值都较 7#-3 监测点大，并未表现出随高程放大的特性；两个监测点都对低频段放大效应明显，放大系数也相对较大，但对高频段出现了一定的差异，6#-5 监测点对高频段放大效应较为明显，而 7#-3 监测点则表现得不明显。

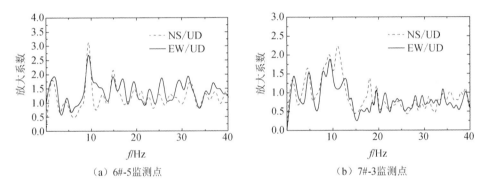

(a) 6#-5监测点 (b) 7#-3监测点

图 4.18 各监测点 HVSR 谱比曲线

根据 Gaudio 和 Wasowski（2011）提出的方法，求出 6#-5 监测点和 7#-3 监测点的平均谱比极点图，如图 4.19 所示。由图 4.19 可以看出，6#-5 监测点在 10Hz 放大效应显著，放大系数都在 2～3，与传统谱比法所得范围相差不大，但其方向性表现不明显，即在各个方向都存在相同的放大效应。7#-3 监测点也在高频段放大效应明显，卓越频率集中在 10～12Hz，放大系数在 1.5～2.5，与传统谱比法大小相当，且其方向效应表现不明显，但在北东向放大效应较其他方向明显一些。对比两个监测点，可看出两者对高频段放大效应明显，海拔较低的 6#-5 监测点放大系数较大，但海拔较高的 7#-3 监测点地震响应方向性较强。现场调查可知，6#-5 监测点和 7#-3 监测点位于浑厚山体的中上部，斜坡呈现出直线型，微地形地貌特征不明显，由此可以看出，浑厚直线型斜坡随高程放大效应不明显，且其方向效应也表现不强烈。

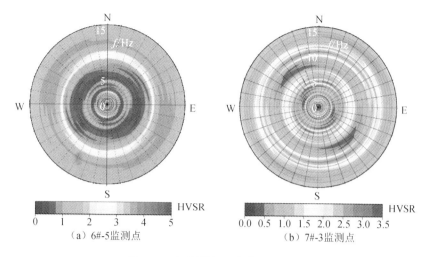

(a) 6#-5监测点　　　　　　　　　　(b) 7#-3监测点

图 4.19　各监测点平均谱比极点图

4.5　地震动方向指向效应分析

在各监测剖面中，青川县桅杆梁监测剖面的地震动方向效应表现明显。桅杆梁位于青川县主城区的西南侧，属轻微切割低山地貌（图 4.20）。山体长约 650m，总体呈 NWW—SEE 走向的条形山体。山脊呈向 SSW 向凸出的弧形，顶部高程约 998.5m，坡脚高程约为 785m，相对高度约 118m；桅杆梁条形山体东西两端相对较缓，坡度 10°～20°；南北两侧相对较陡，南侧总体坡度 30°～35°，北侧总体坡度 40°～45°。桅杆梁斜坡主要由残坡积粉质黏土、下伏强-中风化千枚岩和石英片岩等组成。

图 4.20　桅杆梁地形地貌

2009 年 4 月～9 月在青川县桅杆梁共计监测到了近 100 次余震，其中 2009 年 4 月初～5 月初分别在 Q1 台站相同高程附近设置了两个监测点（Q1a 和 Q1b），在 Q0 监测点设置了 1 个监测点，共监测余震 6 次（表 4.45）；2009 年 5 月～8 月添加了 Q2 监测点,并将 Q1 监测点移动至 Q1c 点,各监测点监测代表行余震 57 次(表 4.46)。

表 4.45 2009 年 4 月 17 日~5 月 1 日代表性地震主要震源参数

Q1	Q0	地震事件	时间	经度/(°)	纬度/(°)	震源/km
875_1a	780_1	2009.04.17(ML 3.4)	10:27:33.1	32.60	105.28	17
875_1b						
875_2a	780_2	2009.04.30(ML 2.8)	05:29:00.5	32.57	105.42	18
875_2b						
875_3a	780_3	2009.04.30(ML 3.4)	08:47:56.7	32.46	105.08	14
875_3b						
875_4a	780_4	2009.05.06(ML 3.1)	11:28:46.9	32.52	105.24	13
875_4b						
875_5a	780_a	2009.05.01(Ms 4.0)	06:46:54.0	32.26	104.85	19
875_5b						
875_6a	780_b	2009.05.01(ML 2.5)	21:33:36.2	32.55	105.22	11
875_6b						

表 4.46 2009 年 5 月 11 日~7 月 14 日代表性地震主要震源参数

Q1c	Q2	Q0	地震事件	时间	经度/(°)	纬度/(°)	震源/km
875_5	—	780_5	2009.05.11(ML 3.9)	12:19:59.8	32.56	105.26	5
875_6	805_1	780_6	2009.05.12(ML 2.7)	22:56:41.5	32.56	105.14	15
875_7	805_2	780_7	2009.05.13(ML 3.5)	15:52:30.4	32.42	105.17	17
875_8	805_3	780_8	2009.05.14(ML 2.7)	16:32:58.8	32.60	105.24	19
875_9	805_4	780_9	2009.05.14(Ms 4.4)	23:49:28.1	32.33	104.76	10
875_10	805_5	780_10	2009.05.15(ML 1.3)	11:58:27.3	32.54	105.21	5
875_11	805_6	780_11	2009.05.17(ML 2.2)	03:39:18.2	32.56	105.24	15
875_12	805_7	780_12	2009.05.17(ML 2.5)	04:10:19.4	32.60	105.30	12
875_13	805_8	780_13	2009.05.17(ML 1.6)	18:42:28.1	32.51	105.22	9
875_14	805_9	780_14	2009.05.18(ML 2.9)	02:22:0.4	32.62	105.37	17
875_15	805_10	780_15	2009.05.18(ML 1.9)	04:19:58.6	32.61	105.38	13
875_16	805_11	780_16	2009.05.18(ML 1.8)	13:20:46.8	32.59	105.30	11
875_17	805_12	780_17	2009.05.18(ML 1.9)	22:26:02.9	32.49	105.08	5
875_18	805_13	780_18	2009.05.19(ML 3.6)	03:55:28.3	32.77	105.61	9
875_19	805_14	780_19	2009.05.19(ML 2.1)	15:33:15.8	32.57	105.26	17
875_20	805_15	780_20	2009.05.19(ML 1.9)	22:57:07.3	32.50	105.08	8
875_21	805_16	780_21	2009.05.20(ML 1.2)	23:50:02.2	32.57	105.30	10
875_22	805_17	780_22	2009.05.21(ML 2.2)	15:37:11.8	32.53	105.12	13
875_23	805_18	780_23	2009.05.21(ML 1.9)	17:53:55.5	32.61	105.28	17
875_24	805_19	—	2009.05.23(ML 3.0)	07:43:43.8	32.60	105.29	17
875_25	805_20	—	2009.05.24(ML 2.1)	09:33:21.6	32.69	105.39	10

续表

Q1c	Q2	Q0	地震事件	时间	经度/(°)	纬度/(°)	震源/km
875_26	805_21	—	2009.05.24（ML 1.7）	18:36:29.0	32.64	105.28	10
875_27	805_22	—	2009.05.26（ML 2.9）	06:55:04.1	32.69	105.44	12
875_28	805_23	—	2009.05.27（ML 3.6）	04:23:36.3	32.56	105.22	22
875_29	805_24	—	2009.05.28（ML 3.1）	12:08:49.6	32.51	105.14	5
875_30	805_25	780_24	2009.06.03（ML 3.5）	21:16:12.9	32.37	104.98	15
875_31	805_26	780_25	2009.06.04（ML 2.7）	04:35:03.0	32.63	105.37	14
875_32	805_27	780_26	2009.06.04（ML 2.7）	10:23:48.4	32.62	105.26	14
875_33	805_28	780_27	2009.06.04（ML 2.8）	14:37:13.3	32.54	105.24	9
875_34	805_29	780_28	2009.06.06（ML 2.2）	03:38:29.3	32.52	105.14	15
875_35	—	780_29	2009.06.11（ML 3.1）	13:49:59.1	32.50	105.15	10

1）通过对表 4.45 中余震事件的阿里亚斯强度标准化极图（图 4.21）分析发现，桅杆梁山顶 Q1a 和 Q1b 的阿里亚斯强度最大指向性具有明显的方向特征，分别指向 N66.2°E 和 N31.8°E。分析各项同性指数发现，Q1a 方向指向性主要由场地影响导致，Q1b 方向指向性由震源特性影响导致，而 Q0 监测点并不具有相同特征。

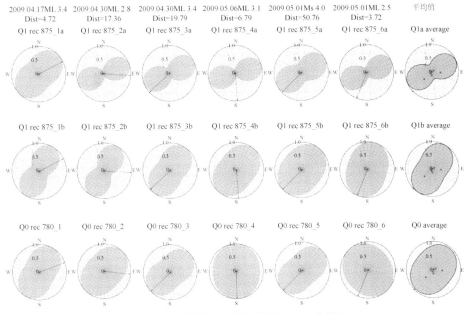

图 4.21 阿里亚斯强度标准化极图（最大值等于 1）

[箭头表示震源反方位方向（台站与震中方向）]

2）通过对表 4.45 中余震事件的平均谱比极点图（图 4.22）分析发现，方向指向性由同一方向上的不同频率的震动能量引起，Q1a 中峰值的卓越频率主要集中在 0.39Hz、3.3Hz、7.0Hz 和 10Hz，Q1b 中峰值的卓越频率主要集中在 0.56Hz、3.0Hz 和 6.0Hz，Q0 中峰值的卓越频率主要集中在 12～13Hz。

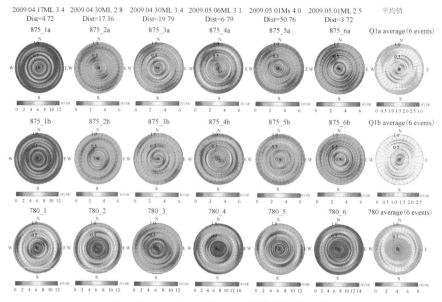

图 4.22 Q1（Q1a 和 Q1b）平均谱比极点图

3）通过对桅杆梁山顶 Q1 监测台中的 Q1b/Q1a 标准化极图谱比特征（图 4.23）分析发现，Q1a 场地具有明显的放大效应，放大系数一般在 1.0~3.0，少数可以达到 4.0~5.0，且放大频段主要分布在 2~3.5Hz、4~5.5Hz 和 13~15.5Hz。

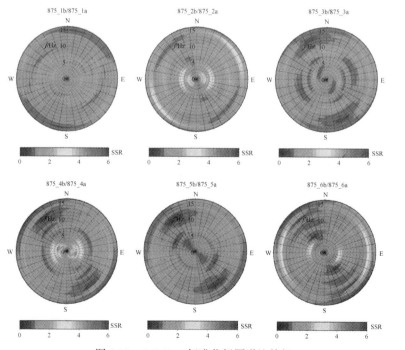

图 4.23 Q1b/Q1a 标准化极图谱比特征

4）通过对表 4.46 中余震事件的阿里亚斯强度标准化极图（图 4.24）分析发现，桅杆梁山顶 Q1c 的阿里亚斯强度最大指向性相对于 Q1a 和 Q1b 产生了明显的极化偏转特征，最大指向特征主要岩近 NS 向。分析各项同性指数发现，Q1c 方向指向性几乎完全受控于场地影响，与地震事件的震中方位、震中距及震源特征等参数无关；Q2 监测台站最大平均指向方位为 N75°E，但其各项同性指数平均值大于 0.5，表明该台站的方向指向并非受场地影响，而受震源特性影响较明显；Q0 监测台站最大平均指向方位为 N50°E，但其各项同性指数平均值为 0.724，单次事件及各事件平均值均表明该场地无明显的方向指向特性，不受场地影响。

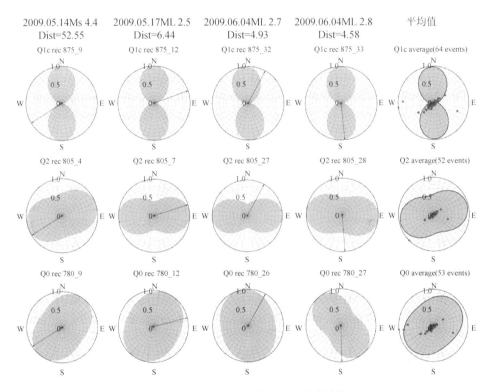

图 4.24 阿里亚斯强度标准化极图（最大值等于 1）

箭头表示震源反方位方向（台站与震中方向），最右列表示各次余震的平均值

5）通过对表 4.46 中典型余震事件的 HVSR 标准极图（图 4.25）分析显示，Q1c 监测台站单次余震事件的放大系数明显强于 Q2 监测台站和 Q0 监测台站。与此同时，Q1c 各单次余震事件随着 NS 向其频率对震动强度的影响具有明显的方向效应；而在 Q2 监测台站和 Q0 监测台站不是非常明显。

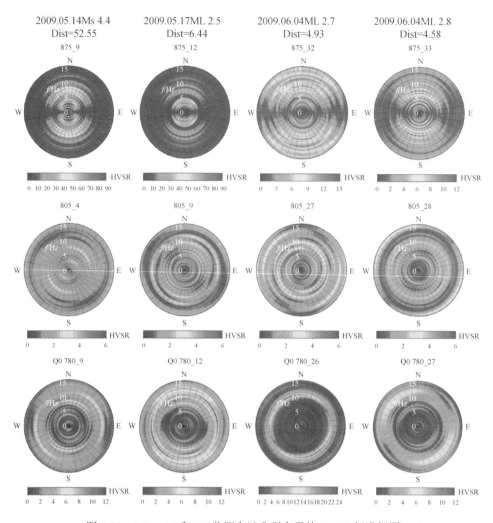

图 4.25　Q1c、Q2 和 Q0 监测台站典型余震的 HVSR 标准极图

6）通过对表 4.46 中 Q1c 余震事件分类统计并进行 HVSR 标准极图（图 4.26）分析发现（图 4.26），该方向指向性同样由同一方向上的不同频率的震动能量引起。当震级小于 ML 3.0 时，Q1c 中峰值的卓越频率主要集中在 3.29~3.42Hz；当震级大于 ML 3.0 时，Q1c 中峰值的卓越频率主要集中在 0.35Hz、1.25~1.30Hz、2.7~2.8Hz 和 3.03~3.63Hz；且最大放大系数达到 20、30、50 甚至超过 60，而且具有随震级增大而增大的特点。

7）通过对 Q1 监测场地环境噪声测试表明，场地的环境噪声主要集中在 1Hz 以下的超低频率。Q1 场地水平/竖直环境噪声谱比（HVSR）标准图（图 4.27）分析显示，其峰值主要集中在超低频，且主要位于方位 90°左右。

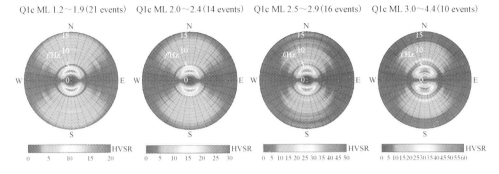

图 4.26 Q1c 分类统计 HVSR 标准极图

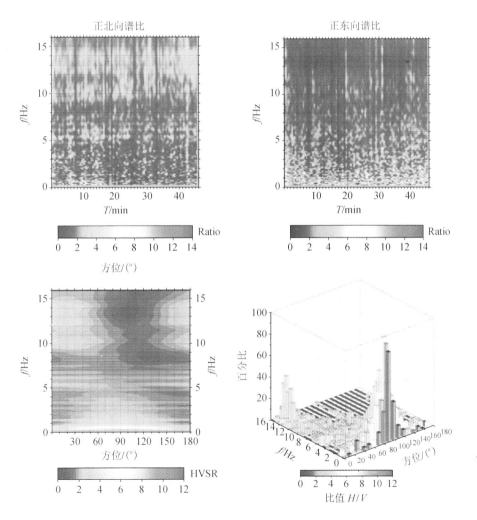

图 4.27 Q1 场地水平/竖直环境噪声谱比（HVSR）标准图

8）通过对 Q2 监测场地环境噪声测试表明，场地的环境噪声主要集中在 1Hz 以下的超低频率。Q2 场地水平/竖直环境噪声谱比（HVSR）标准图（图 4.28）分析显示，其峰值主要集中在超低频，且主要位于方位 90°左右。

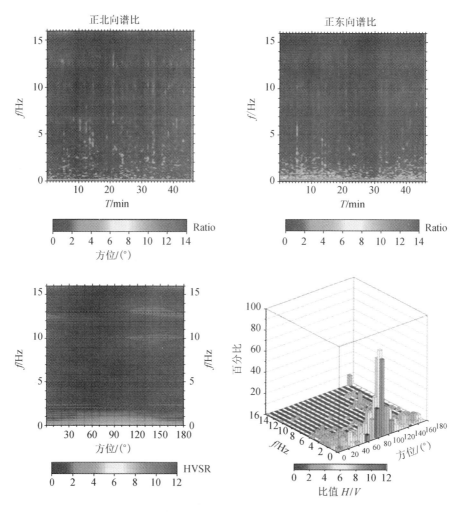

图 4.28　Q2 场地水平/竖直环境噪声谱比（HVSR）标准图

9）通过对桅杆梁 Q1 监测点和 Q2 监测点场地环境噪声测试表明，场地的环境噪声主要集中在 1Hz 以下的超低频率，对比 Q1 监测点场地动力响应分析，Q1c 监测点最大放大系数值（>ML3.0）多在 1Hz 以下的超低频值，由此表明该场地的共振效应是导致其产生显著放大的主要因素；而另一卓越频率 3.0Hz，结合桅杆梁的横向尺寸条件从底部至顶部 30～400m 的范围尺寸，其完全具备地形横向共振的地形尺寸条件，符合大多数地形共振效应的研究结论。该场地千枚岩片理面的走向为 N85～83°W/NE∠83°，与山体地形 NWW—SEE 走向近似耦合，从而使得 Q1c 监测点场地地形共振，与山地内部基岩结构面动力突变效应的耦合作用导致震动偏转 NS 向的场地效应，以及超过一般监测所发现的放大系数。

10）通过对桅杆梁 Q1a 监测点偏转效应分析发现，其偏转方向与桅杆梁南侧山脊的转折段山脊走向近似垂直。简单地说，就是该偏转方向除了受控于同一方向上的不同频率对能量震动有关，而且还受控于该山脊最大轴向延伸特征。通过对比研究发现，此类型场地效应在汶川地震中更为普遍。

4.6 小　　结

根据以上分析可知：①随着地震震级增大，青川东山—狮子梁斜坡上各监测点地震波水平东西分量、南北分量及竖直分量的放大效应不同，因此在斜坡的不同高程将导致明显的动力响应差异，从而控制不同方向的变形及破坏特征。②青川东山"丁"字形山体转折处所提供的约束力主要表现在水平向上，因而地震波在水平向上的加速度随高程的降低要快于竖直向加速度，各监测点峰值加速度的放大系数随高程的变化曲线呈上凸型。③东山山坳处地震波峰值加速度会出现一定程度的衰减之势。④厚度大于 5m 的松散覆盖层对地震波有放大作用。⑤斜坡地震动水平向放大效应随震中距增大有一定的增大趋势，而近震中高振幅作用下斜坡地震动放大效应不明显。⑥地震作用下垂直山脊方向上受到的约束力较小，是导致垂直山脊方向的地震波加速度大于沿山脊方向的原因；相比浑厚山体，单薄山脊在地震作用下受到的垂直山脊方向的约束力更小，往往会造成垂直单薄山脊方向的地震波出现异常放大。

第 5 章 汶川地震典型斜坡失稳案例分析

5.1 概　　述

汶川地震触发巨量的滑坡、崩塌及震裂坡体，导致地表岩土体松动或移动，使本已脆弱的地质环境雪上加霜。震后地震滑坡调查揭示，强震触发的斜坡岩土体失稳与暴雨触发的失稳有明显的差异：①前者大多数情况下是地震水平惯性力导致的边坡岩体的拉破坏，而后者是重力作用下的剪切破坏。②前者触发滑坡的基本条件是斜坡发育陡倾且平行临空面的贯通性结构面或者三面临空且发育中缓倾贯通性结构面。③前者滑源区往往位于高位，且滑源区与滑坡堆积区在空间上分离；后者则相反。④前者因地形放大效应在地形突出部位地面的峰值加速度水平与垂直分量可以大于重力加速度，失稳时具有很高的初始速度，在硬质岩构成的高位斜坡出现高位抛射现象，失稳后可转化成高速碎屑流。⑤空间分布上前者沿发震断裂密集成带或成群，后者在空间分布上由暴雨中心等控制。⑥前者规模巨大，失稳速度快，往往一次地震可形成系列堰塞湖；后者仅个别滑坡形成堰塞湖群。⑦前者堆积体往往堆覆在陡立斜坡下部坡缓或谷底基岩、覆盖层上，钻孔揭示其间往往缺乏剪切滑带，而以扰动带代替；后者具有明显的滑带。

斜坡地震动监测揭示高位突出地形可以将地震波背景值放大数倍甚至十余倍，这从机理上支撑了地震过程中地震抛射型滑坡的客观存在，而这种滑坡又是致灾最为严重的灾体。因此，研究这些灾体的发育规律及运动过程，对防灾减灾将具有重要的现实意义。

5.2　汶川地震抛射型滑坡发育特征

5.2.1　抛射型滑坡的概念

抛射型滑坡是指一种具有空中飞跃特性的高速远程滑坡，它具有高位、高速抛出、空中飞跃、远程运动、短时并可造成灾难性后果等特点（图 5.1）。

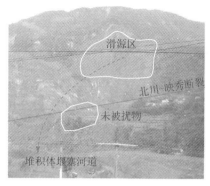

图 5.1 抛射型滑坡

首先,空中飞跃特性是指滑体离开滑源区时,是以抛的形式飞出,在经过一段时间空中飞跃之后着陆,并转化成其他形式的滑坡(如碎屑流)继续运动,直至稳定。飞跃是抛射型滑坡与其他类型滑坡最大的区别。

图 5.2 所示为抛射型滑坡发生后在滑源区内留下了一个大的空腔,空腔周壁起伏粗糙,侧壁没有近水平剪切擦痕,底部没有剪切滑带。该滑坡空腔给人的感觉好像是滑体就如同拔萝卜一样从山体内被硬"拔"出来,然后被高速投掷出去,因此把这类滑坡飞跃的过程用"抛射"来描述。同时,由于滑坡的飞跃过程是抛物线运动且相对高差几百米,其持续的时间一般较短。

图 5.2 牛眠沟滑坡滑源区留下的滑坡空腔

表 5.1 所示为汶川地震中一些典型抛射型滑坡的相关数据统计(包括抛射型滑坡的名称、位置、规模、滑动距离、滑源区相对高度、初始抛射速度)。从表 5.1 可知,整体型抛射的初始抛射速度一般集中在 25~40m/s,部分可达到 70~80m/s;单体型抛射的初始抛射速度则相对较小,不超过 20m/s。

表 5.1　汶川地震中一些典型抛射型滑坡的相关数据统计

名称	位置	规模/(×10⁴m³)	滑动距离/m	滑源区相对高度/m	初始抛射速度/(m/s)
牛眠沟	汶川	750	3000	500	39.8
东河口	青川	3000	2500	500	36
文家沟	绵竹	10000	3800	1000	—
大岩壳	青川	60	1000	550	33~38
谢家店子	彭州	250	1500	600	72
金鼓	北川	200	1000	600	75
老鹰岩	高川	1500	1000	500	34~37
王家岩	北川	200	900	400	70
天池	绵竹	800	700	400	28.5
龙池	宜宾	6.8	373	217	40
鬼招手	彭州	1.7	200	100	40.4
K24	汶川	2.6	175	80	43

抛射型滑坡均发生在自然边坡中上部（高位）。从表 5.1 可知，大部分抛射型滑坡发生在相对高差不低于 400m 的滑源区，并且这些滑坡均分布在坡体的上部或顶部区域，如图 5.3 所示。

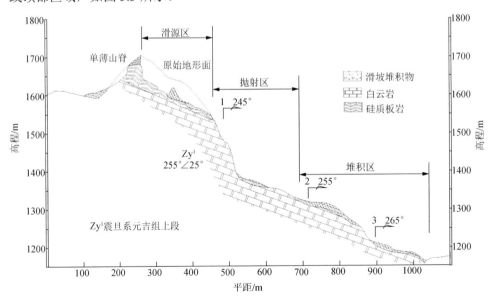

图 5.3　大岩壳滑坡的纵剖面图（单位：m）

抛射型滑坡的整体运动距离一般较长。由于抛射型滑坡的初始抛出速度很大，因此在经过下落加速后，会比其他类型的滑坡具有更大的运动速度与动能，这会使抛射型滑坡具备长距离滑移的动力条件。抛射型滑坡的滑动距离一般大于1km（表5.1），当有侧向临空限制时其运动距离相对较小一些，如鬼招手滑坡的滑动距离为200m，龙池滑坡的滑动距离为373m（韩丽芳，2010）。但是对于一些大型的抛射型滑坡，由于其具有更大的惯性，因此其滑动距离也更远，如东河口滑坡的滑动距离为2500m（图5.4），牛眠沟滑坡的滑动距离为3000m，文家沟滑坡的滑动距离达到了3800m。

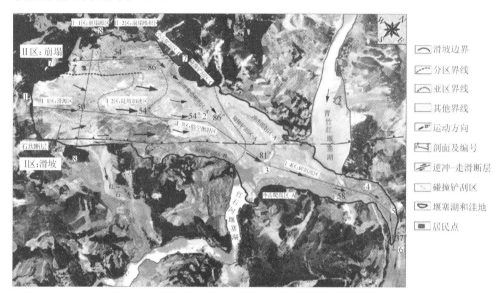

图5.4 东河口滑坡的平面俯视图

抛射型滑坡从抛射到落地属于自由落地运动，如当相对高差为500m时，其抛射持续时间 $t = \sqrt{1000/9.8} \approx 10.1(s)$，同时它还会给滑体叠加一个竖直加速度 $v_v \approx 10.1 \times 9.8 \approx 99(m/s)$，再加上初抛速度，这可能会使滑体着落时的速度超过100m/s。滑坡失稳在这种速度下几乎是瞬间过程，处在滑坡威胁范围内的人们几乎不可能逃脱。尤其是对滑体规模较大的滑坡，它们会摧毁沿途一切设施和障碍，从而造成灾难性的后果。滑坡发生前，美丽的东河口村绿茵葱葱，生机勃勃，而滑坡发生后整个东河口村不复存在，满目疮痍，共造成780人遇难。类似灾难性滑坡有王家岩滑坡，掩埋1600人；文家沟滑坡，掩埋48人；牛眠沟滑坡，掩埋20人。

图5.5所示为目前调查到的典型抛射型滑坡的分布及烈度分布图。从图5.5可知，抛射型滑坡在整个汶川地震极震区内均有分布，且抛射型滑坡主要分布在发震或同震断层附近，并且发生在上盘的居多，具有明显的震中带效应及上盘效应。

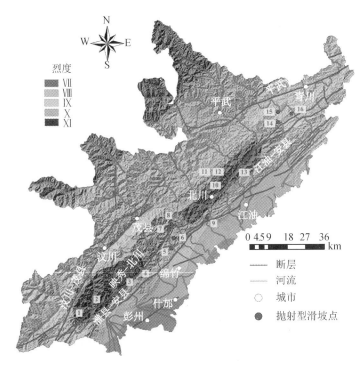

图 5.5 典型抛射型滑坡的分布及烈度分区图

1. 牛眠沟滑坡；2. 龙池滑坡；3. 谢家店子滑坡；4. 鬼招手滑坡；5. 天池滑坡；6. 文家沟滑坡；7. 大竹坪滑坡；8. 老鹰岩滑坡；9. 王家岩滑坡；10. 金鼓滑坡；11. 太洪村滑坡；12. 川主坪滑坡；13. 牛飞村滑坡；14. 董家滑坡；15. 大岩壳滑坡；16. 东河口滑坡

5.2.2 抛射型滑坡的形成条件

抛射型滑坡的滑源区较为"干净"，很少存在残余的滑体（图 5.2）。这表明抛射型滑坡的滑体是被一次性整体抛出的。根据震后大量的调查发现，要形成这种滑坡，必须满足以下几个必要的条件。

1. 高烈度

高烈度为抛射型滑坡的形成提供基础的动力条件。如图 5.5 所示，绝大部分的抛射型滑坡位于烈度≥Ⅹ度区；仅个别滑坡，如东河口滑坡烈度略低于Ⅹ度，但有利的高位临空条件与斜坡结构耦合极大限度地放大了震时滑源区地震峰值加速度。

研究表明，在烈度为Ⅹ～Ⅺ度的极震区，其河谷谷底的加速度大于 $0.9g$，在这个初始加速度的基础上，经过地形放大之后的加速度足以形成使滑体整体抛出的动力条件。

2. 有利地形

绝大部分抛射型滑坡发生在陡峭边坡山体的上部或顶部，尤其是三面临空的山嘴和单薄山脊或突出山嘴（图 5.1 和图 5.3），这些部位相对于其他部位可产生更加明显的地形放大效应。

为了揭示坡体不同部位地形放大的效果，课题组在泸定县冷竹关设立了地震观测站，进行斜坡地震动的长期监测研究。图 5.6 为冷竹关地震观测站监测仪器布置分布图。监测点分布于左右两岸，其中右岸（单薄山脊）2 个监测点（1#监测点和2#监测点），左岸（中高浑厚山体）5 个监测点（3#监测点、4#监测点、5#监测点、6#监测点和 7#监测点）。1#～5#监测点每个平硐内放置 1 台监测仪器，在 6#平硐内放置 5 台监测仪器，其中最内侧仪器（6#-5）距坡面距离为100m，在7#平硐内放置 6 台监测仪器，其中内侧仪器（7#-3）距坡面距离为103m。1#监测点和2#监测点分别位于单薄山脊的顶部和中部，3#监测点位于突出山嘴处，4#监测点位于平缓坡面，5#监测点位于坡折出，6#监测点和7#监测点监测边坡内部与坡面处的地震动差异。

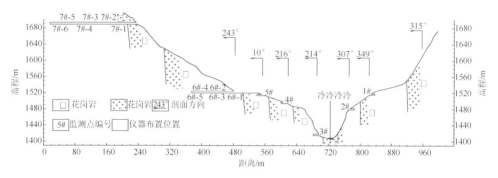

图 5.6 冷竹关地震观测站监测仪器布置分布图

2013 年 4 月 20 日芦山发生了 Ms 7.0 级强震，2014 年 11 月 22 日康定发生了Ms6.3 级地震，冷竹关地震观测站成功地捕捉到了这两次地震的地震波。表 5.2 和表 5.3 所示为这两次地震各个监测点的地震动参数特征。

表5.2 芦山地震各监测点的地震动参数特征

监测点	峰值加速度/(cm/s²)			阿里亚斯强度/(cm/s)			主频			高程/m
	NS	EW	UD	NS	EW	UD	NS	EW	UD	
1#	153.8	163.5	66.7	45.6	62.9	12.2	3.62	3.46	6.21	1516
2#	39.3	42.4	29.0	2.6	2.6	1.4	2.01	4.69	4.69	1478
3#	21.8	30.3	25.0	1.6	1.8	1.6	4.85	4.92	6.76	1419
4#	30.9	36.6	17.3	3.0	2.1	0.9	0.74	3.22	0.70	1494
5#	24.3	29.9	24.7	1.8	1.6	1.5	2.03	5.21	2.4	1518
6#-1	11.11	12.13	23.37	0.2	0.1	0.1	2.48	0.25	0.26	1520
6#-5	8.13	9.48	12.06	0.1	0.1	0.1	0.25	0.25	0.24	1520
7#-1	18.5	11.0	12.7	0.4	0.3	0.4	0.82	3.97	0.70	1686
7#-3	13.9	12.6	11.1	0.4	0.3	0.3	0.75	0.40	0.70	1686

表 5.3 康定地震各监测点的地震动参数特征

监测点	峰值加速度/(cm/s²)			阿里亚斯强度/(cm/s)			主频			高程/m
	NS	EW	UD	NS	EW	UD	NS	EW	UD	
1#	188.1	147.6	111.8	24.7	25.5	6.0	2.04	2.54	5.07	1516
2#	70.4	69.9	36.5	2.4	2.3	0.6	2.04	2.04	5.31	1478
3#	49.86	62.4	36.6	1.7	1.6	0.8	4.42	3.31	9.29	1419
4#	24.93	22.69	14.03	0.3	0.3	0.2	1.26	1.02	1.19	1494
5#	35	26.4	27.6	0.5	0.3	0.3	1.24	1.01	8.59	1518
6#-1	16.36	16.5	21.15	12.1	0.5	0.3	2.99	4.03	6.16	1520
6#-5	10.09	10.25	20.78	5.6	5.6	4.1	2.97	2.07	5.36	1520
7#-1	24.9	22.7	14.0	0.3	0.3	0.2	1.26	1.02	1.19	1686
7#-3	22.5	19.8	12.0	0.3	0.3	0.1	1.24	1.01	1.17	1686

从表 5.2 和表 5.3 可知，单薄山脊处地震放大效应最为显著（1#监测点和 2#监测点），峰值加速度放大了 2~4 倍。突出的山嘴处比平缓坡面放大效应明显（2#监测点和 3#监测点），2#监测点的峰值加速度是 3#监测点的 1~3 倍。边坡表面地震动效应比边坡内部地震动效应明显（6#、7#外部监测点和 6#、7#内部监测点）。

此外，单薄山脊比浑厚山体的地震放大效应要显著得多（1#监测点和 2#监测点、3#监测点），1#监测点的部分峰值加速度是同一高度处浑厚山体（2#监测点和 3#监测点）的 10 倍左右。

在极震区（烈度为 X~XI 度）河谷底部加速度可达到 0.9g 以上，经过放大效应的坡顶加速度可达到 2~3g，垂直加速度一般为水平加速度的 1/2，放大之后的竖直向峰值加速度大于 1g，水平向的峰值加速度大于 2g。

3. 有利斜坡结构

在动力条件满足后，特定的坡体结构对于抛射型滑坡的形成是十分必要的。根据调查，其主滑体一般为硬质岩，如灰岩、砂岩等，并在缓倾坡外坡体、陡倾坡外坡体和反倾坡均有分布，如图 5.7 所示。

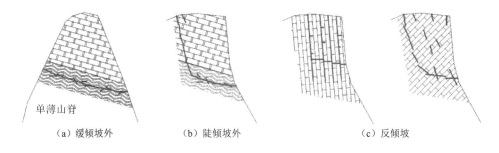

（a）缓倾坡外　　　（b）陡倾坡外　　　（c）反倾坡

图 5.7 抛射型滑坡发生在不同的坡体结构

其中，缓倾坡外结构面的坡体占了绝大部分，如文家沟滑坡（图 5.8）、东河口滑坡、大岩壳滑坡等，并且呈现上硬下软，滑体沿着软弱结构面或节理面整体抛出，留下"光滑、干净"的滑源区［图 5.8（a）］。

（a）滑源区　　　　　　　　　　　　（b）抛射区

（c）堆积区

图 5.8　缓倾坡外的基岩斜坡（文家沟滑坡）

少部分抛射型滑坡发生在由陡倾坡外的板状地层组成的斜坡，如天池滑坡。它们一般均为硬质岩，如灰岩、白云岩或砂岩。陡倾坡外的板状岩层抗折性能较弱，在先至的体波的作用下很容易发生折断，形成贯通滑体。

位于汶川地震发震断层上盘的反倾坡或者元古界侵入岩由于临空沟谷与区域最大主应力垂直，沟谷下切过程中卸荷裂隙发育，地震中沿强卸荷下限抛出的现象也较常见，如牛眠沟滑坡、川主坪滑坡等。

当岩体中存在如裂隙、岩溶、潜在滑动面时，会有利于滑体与边坡的分离。图 5.9 所示为文家沟滑坡滑源区光面区域内的喀斯特地质现象。此外，东河口滑坡滑面附近也有明显的顺层溶蚀现象。

图 5.9 滑源区光面区域内的喀斯特地质现象

5.3 抛射型滑坡的成因机制与运动模式特征

5.3.1 抛射型滑坡的成因机制

根据现场观察及物理模拟,发现抛射型滑坡滑源区的后缘均有明显的拉裂破坏(图 5.10 和图 5.11),这些拉裂从后缘顶部一直向下延伸,并利用倾坡外裂隙形成贯穿滑动面。由于惯性力起决定性作用,当斜坡岩体具有陡倾、贯通性好的结构面或者山体单薄基座软弱时,容易被抛出,即约束条件差的高位岩体易形成抛射型滑坡。

图 5.10 滑坡后缘陡直的拉裂后壁(东河口滑坡)

图 5.11 地震作用下竖直向拉裂隙发育（大岩壳滑坡）

在极震区，先至的 P 波导致坡体上下高频震动，被长大结构面分割的高位岩体后缘边界结构面间岩桥或底部软弱基座的连接力迅速遭到弱化；接踵而至的 S 波横向剪切作用使控制岩体的结构面逐渐贯通，滑体与滑床间的结合力近乎完全丧失；最后体波衍生强大面波，经过地形放大效应叠加之后形成的巨大水平加速度（通常大于 2g）和竖直加速度（通常大于 1g）产生巨大的水平惯性力，将滑体直接抛射出。

5.3.2 抛射型滑坡的运动模式特征

根据抛射型滑坡的运动模式，抛射型滑坡可分为完全抛射型滑坡和过渡抛射型滑坡。

1. 完全抛射型滑坡

完全抛射型滑坡是指在强大的动力条件下滑体可以完全飞离滑源区，抛射滑体撞击在边坡面上（东河口滑坡和牛眠沟滑坡）或坡脚处（大岩壳滑坡）。完全抛射型滑坡易于观察和研究，表 5.1 中的抛射型滑坡的数据统计也均是基于完全抛射型滑坡。

这类滑坡从滑源区飞出后，在空中滑翔一段距离后，以高速同地面发生碰撞而解体（势能转化成动能），转变成高速碎屑流继续运动。其强大的动能往往可以使其滑动较长距离，造成掩埋村庄、阻塞河流等毁灭性灾害。

根据完全抛射型滑坡的运动模式，完全抛射型滑坡可分为裂隙发展—高速抛射—着陆并转化成高速碎屑流—最终稳定 4 个阶段，如图 5.12 所示（东河口滑坡概化模型）。

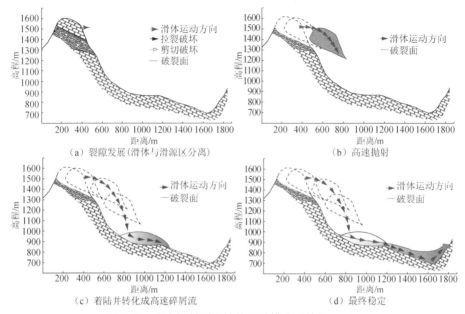

图 5.12 完全抛射型滑坡的运动模式（单位：m）

2. 过渡抛射型滑坡

过渡抛射型滑坡是指在动力作用下滑体没有完全飞出并降落在滑源区范围内的滑坡。这类滑坡不能明显地观测到有被抛射的痕迹，有时它不会单独发生，而在发生的同时引起次生滑坡，如太洪村滑坡，如图 5.13 所示。太洪村滑坡在地震动力作用下，滑体被抛射出去，但是由于初始抛射速度不大，在还没有飞出滑源区时便与滑源区岩体发生碰撞崩裂，引发二次滑坡，形成高速碎屑流。

图 5.13 太洪村滑坡（过渡抛射型滑坡）

根据过渡抛射型滑坡的运动模式,过渡抛射型滑坡可分为裂隙发展—抛射—着陆剧烈撞击并产生二次滑坡—最终稳定 4 个阶段,如图 5.14 所示(太洪村滑坡概化模型)(殷跃平,2008)。

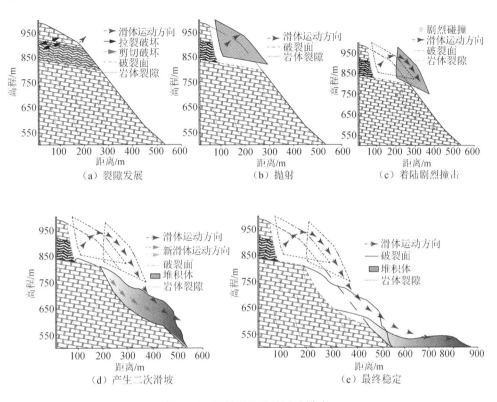

图 5.14 抛射型滑坡的运动模式

5.4 抛射型滑坡的抛射运动程式研究

5.4.1 基础运动程式

为了可以形象说明抛射型滑坡的运动程式,本节采用一个孤立山嘴,并具有缓倾坡外层面等有利于抛射型滑坡形成的计算模型,如图 5.15 所示。

假设滑体体积为 V,滑面面积为 S,主剖面滑面长度为 L,层面的水平夹角为 α,重力加速度为 g,密度为 ρ,地震力为 F,滑面残余抗剪强度为 c、φ。

根据相关规范,取未经地形放大时的竖直向地震力 F_V 为水平向地震力 F_H 的 0.5 倍,根据假定,其竖直向及水平向的地震加速度放大倍值相同,因此,经地形放大后的水平向地震力与竖直向地震力之间的夹角 $\beta = \arctan 0.5$。

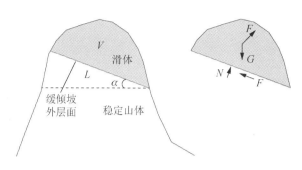

图 5.15 基础计算模型

滑体重力为

$$G = Vg\rho$$

根据平衡条件，当滑体达到失稳时极限条件为

$$F_\text{H}\cos\alpha + (G-F_\text{V})\sin\alpha = [(G-F_\text{V})\cos\alpha - F_\text{H}\sin\alpha]\tan\varphi + cS \quad (5.1)$$

即

$$F_\text{H} = \frac{G(\cos\alpha\tan\varphi - \sin\alpha) + cS}{\cos\alpha(1+0.5\tan\varphi) + \sin\alpha(\tan\varphi - 0.5)} \quad (5.2)$$

极限状态下的水平向地震加速度为

$$a'_\text{H} = \frac{F_\text{H}}{m} = \frac{g(\cos\alpha\tan\varphi - \sin\alpha) + (cS/V\rho)}{\cos\alpha(1+0.5\tan\varphi) + \sin\alpha(\tan\varphi - 0.5)} \quad (5.3)$$

假设经过地形放大效应作用后的水平向地震加速度 $a_\text{H} = ng$，竖直向地震加速度 $a_\text{V} = ng/2$。根据前面的分析，当 $a_\text{V} < g$ 时，坡体不会发生抛射；只有当 $a_\text{V} \geqslant g$ 时滑坡才会发生抛射，即当 $n \geqslant 2$ 时滑坡体才能发生抛射。此时水平向速度 V_H 和竖直向速度 V_V 分别为

$$V_\text{H} = (ng - a'_\text{H})t_0 \quad (5.4)$$

$$V_\text{V} = (ng/2 - g)t_0 \quad (5.5)$$

式中，t_0 为地震力的直接作用时间。

5.4.2 不同类型抛射型滑坡的判别

完全抛射型滑坡（滑体的着陆区域不在滑源区）和过渡抛射型滑坡（滑体的着陆区域在滑源区）的形成判别条件为：滑体能否从滑源区完全脱离。引入临界判别式，当滑体脱离滑源区时，滑体后缘正好与滑源区前缘位置相同，如图 5.16 所示。

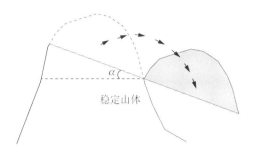

图 5.16 不同类型抛射型滑坡的判别

此时

$$L_H = L\cos\alpha, \quad L_V = L\sin\alpha$$

$$t' = L_H/V_H = L\cos\alpha/(ng - a'_H)t_0 \tag{5.6}$$

$$h = \frac{1}{2}gt'^2 - V_V t' \tag{5.7}$$

1. 完全抛射型滑坡

当为完全抛射型滑坡时,应满足当滑体水平向飞出滑源区时,竖直向还没有降落到滑源区,即

$$h \leqslant L_V \tag{5.8}$$

2. 过渡抛射型滑坡

当为过渡抛射型滑坡时,应满足当滑体水平向还没有飞出滑源区时,竖直向已经降落到滑源区,即

$$h > L_V \tag{5.9}$$

5.4.3 算例分析

某一滑坡缓倾坡外角 $\alpha = 20°$,滑体体积 $V = 2.0 \times 10^7 \text{m}^3$,重心至滑面 90m,主剖面滑面长度 $L = 600\text{m}$。根据震后对斜坡结构面的调查,同时参考了水电部门原位测试结果,取密度 $V = 2 \times 10^7 \text{m}^3$,$\rho = 2.7 \times 10^3 \text{kg/m}^3$,滑面 $c = 0.01\text{MPa}$(残余值),内摩擦角 $\varphi = 23°$(残余值)。

根据上述公式可得

$$a'_H = 0.055g$$

$$V_H = 19.6(n - 0.055)t_0$$

$$V_V = 9.8(n - 2)t_0$$

代入式（5.6）和式（5.7），并根据式（5.8）和式（5.9）的范围要求，绘制出不同初始动力条件下的抛射分区图，如图5.17所示。

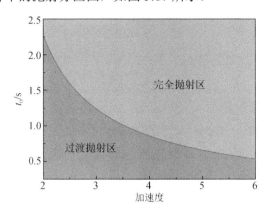

图5.17 不同初始动力条件下的抛射分区图

从图5.17可以看出，放大后的加速度越大，满足抛射所需要的作用时间就越短。根据相关地震资料，汶川地震震中振动周期主要集中在5s和20s两段内。取1/4周期，故地震力作用于块体的直接作用时间在1.25s和5s两段内。经前述分析，放大后的加速度达到 2~3g，甚至更大，完全满足抛射的动力条件，与本节的野外调查结果相符。

5.5 小　　结

抛射型滑坡是在汶川地震极震区经过地形放大效应之后形成的一种特殊的高速远程滑坡。抛射型滑坡是一种高位、高速抛出、空中飞跃、远程运动、短时并可造成严重灾难的特殊滑坡。对抛射型滑坡的具体研究结论如下：

1）抛射型滑坡与其他滑坡最终的区别是：抛射型滑坡具有"临空飞越"的特性；其初始抛射速度一般在20~40m/s，个别的达到70~80m/s；滑源区的相对高差不低于400m；滑动距离一般超过1000m。

2）抛射型滑坡在极震区分布广泛，且能造成灾难性后果。

3）抛射型滑坡的形成条件包括高烈度、有利地形和有利斜坡结构。

高烈度：烈度为Ⅹ~Ⅺ，为抛射型滑坡的形成提供必要的基础动力条件。

有利地形：在山体上部或顶部，尤其是单薄山脊或突出山嘴等部分地形放大效应明显。高烈度提供的基础动力条件经过地形放大之后，形成了满足抛射型滑坡发生的动力条件。

有利斜坡结构：倾坡体结构，尤其是缓倾坡外坡体结构最有利于抛射型滑坡的形成。

4）抛射型滑坡的成因机制：P波和S波会使滑坡体后缘产生深大拉裂破坏，并在软弱层面之间产生剪切破坏，使滑体丧失与下部岩体的结合力；后至的面波经过地形放大效应叠加之后形成的巨大加速度，将滑体直接抛射出去。

5）抛射型滑坡根据滑坡的运动模式可以分为完全抛射型滑坡和过渡抛射型滑坡。其中，完全抛射型滑坡是目前抛射型滑坡研究的主体。完全抛射型滑坡可分为裂隙发展—高速抛射—着陆并转化成高速碎屑流—最终稳定4个阶段；过渡抛射型滑坡可分为裂隙发展—抛射—着陆剧烈撞击并产生二次滑坡—最终稳定4个阶段。

第6章 斜坡地震动响应规律分析

6.1 地形放大效应

6.1.1 近直线型斜坡放大效应

通过位于直线型斜坡不同高程部位冷竹关斜坡的 6#-5 监测点和 7#-3 监测点记录到的康定 2014.11.25（Ms 5.8）地震监测数据，对其进行振幅、持时、频谱及频比等分析，对直线型斜坡不同部位的放大效应的基本认识如下：

1）高程较高的 7#-3 监测点水平向峰值加速度较高程较低的 6#-5 监测点大，竖直向却相反。以姑咱强震台为参考点，4#监测点的水平向放大系数为 1.1~1.6，竖直向放大系数为 0.9；2#监测点的水平向放大系数为 0.9~1.3，竖直向放大系数为 1.3；随着高程的增加，监测点各个方向的峰值加速度呈非线性变化。引入均方根加速度后，4#监测点和5#监测点相应变化趋势和峰值加速度一致，但其增长幅度出现了一定的变化。各个监测点在同次地震中持时相差不大。

2）对两个监测点进行加速度反应谱分析，随着阻尼比的增大，其各个方向的加速度响应幅值逐渐减小，当阻尼比为 0.05 时加速度幅值最大。对比位于不同高程的 6#-5 监测点和 7#-3 监测点，可以看出 6#-5 监测点的 EW 向幅值较 7#-3 监测点大，而其余两个方向则相反，表明加速度反应谱幅值并未随着高程的增加而增加，一些方向还出现了衰减，可能与各监测仪器水平埋深及边坡动力反应高度相关。由 FFT 可得，6#-5 监测点和 7#-3 监测点水平向 FFT 形状相差不大，各个方向的幅值并未随着高程呈现出增加的趋势，这可能与各监测仪器水平埋深及边坡动力反应高度相关。

3）对监测点进行传统谱比分析表明，6#-5 监测点两个水平向卓越频率在10Hz左右，EW 向和 NS 向放大系数分别为 3.2 和 2.6；7#-3 监测点 EW 向和 NS 向卓越频率分别为 10Hz 和 12Hz 左右，放大系数为 1.85 和 2.25。由谱比极点图看出，6#-5 监测点在 10Hz 放大效应显著，放大系数都在 2~3；7#-3 监测点也在高频段放大效应明显，卓越频率集中在 10~12Hz，放大系数在 1.5~2.5；二者结果与传统谱比法吻合度较高。直线型斜坡随高程放大效应不明显，且其方向效应也表现不强烈。

6.1.2 河谷坡折段地形放大效应

通过冷竹关监测剖面位于坡折部位的 4#监测点，以及处于坡折过渡段且较高高程的5#监测点记录到的芦山地震监测数据,对其进行振幅、持时、频谱及频比等分析,对坡折不同段的地形放大效应的基本认识如下:

1)坡折部位的4#监测点水平向的峰值加速度较坡折过渡段的5#监测点大,竖直向呈现出相反的关系。以姑咱强震台为参考点,4#监测点的水平向放大系数为1.1~1.6,竖直向放大系数为0.9;2#监测点的水平向放大系数为0.9~1.3,竖直向放大系数为1.3;随着高程的增加,监测点各个方向的峰值加速度呈非线性变化。引入均方根加速度后,4#监测点和5#监测点相应变化趋势和峰值加速度一致,但其增长幅度出现了一定的变化。各个监测点在同次地震中持时相差不大。

2)对两个监测点进行加速度反应谱分析,随着阻尼比的增大,其各个方向的加速度响应幅值逐渐减小,当阻尼比为0.05时加速度幅值最大。对比4#监测点和5#监测点,可以看出4#监测点EW向峰值比5#监测点大,其余两个方向都是5#监测点较大,但相差不大,加速度反应谱幅值并未随着高程增加而呈现增长的趋势。由FFT可得,4#监测点频率分布广,个别方向出现多个卓越频率;5#监测点水平向频段较窄,呈现出"单峰值"曲线特性。各个方向的幅值表现为5#监测点较4#监测点大,呈现出随高程增加的特征。

3)对监测点进行传统谱比分析表明,4#监测点卓越频率集中在12~13Hz,EW向和NS向放大系数分别为2.83和2.26;而5#监测点存在两个卓越频率,分别为5~6Hz和14~16Hz,放大系数为1.25~2.43。HVSR极点图和阿里亚斯能量分布极点图表明,4#监测点和5#监测点在北西向都存在明显的放大效应。

6.1.3 单薄山脊地形放大效应

通过对泸定县磨西镇摩岗岭监测斜坡所记录到的监测数据进行分析,发现1#监测点位于右岸单薄山脊处,山脊宽度仅为2~5m,近东西走向,而5#监测点所处的左岸山体地形较为浑厚,相比河谷3#监测点,1#监测点水平向峰值加速度放大系数可达4.50,而比1#监测点高近100m的5#监测点放大系数仅可达3.34,且放大系数最大的峰值加速度均为垂直山脊方向的水平NS向,由此可认为地震作用下垂直山脊方向上受到的约束力较小,是导致垂直山脊方向的地震波加速度大于沿山脊方向的原因。相比浑厚山体,单薄山脊在地震作用下受到的垂直山脊方向的约束力更小,往往会造成垂直单薄山脊方向的地震波出现异常放大。

6.1.4 "丁"字形山脊地形放大效应

青川县东山整个山体呈"丁"字形,监测点位于"丁"字形山体向外延伸的山脊上。山脊向内倾斜,随高程增加监测点距离山体转折部位越近,3#监测点和4#监测点位于山脊顶部山梁上,距离山体"丁"字形转折部位很近,受到山体转折部位水平向的约束力很大,导致地震波水平向峰值加速度放大系数降低。距离转折部位越近,放大系数降低越显著,因此3#监测点和4#监测点水平向峰值加速度放大系数随高程呈递减趋势。因此,"丁"字形山体表层岩体的放大系数曲线是呈先增大后减小的上凸形曲线。

6.1.5 山坳地形放大效应

青川县东山监测斜坡的5#监测点高程较3#监测点高,但位于山坳处的5#监测点各分量的峰值加速度并不如线型坡那样随高程增加而增大,反而沿山脊方向及竖直向的加速度分量比坡底监测点的加速度小,为坡底监测点峰值加速度的40%~90%,出现衰减之势,仅垂直山脊方向的峰值加速度会出现略微放大。因此,根据实地监测数据分析可知,山坳地形处的地震动响应特征会出现一定程度的衰减趋势。

6.1.6 "半岛状"山脊放大效应

通过位于冷竹关监测斜坡"半岛状"山脊上不同高程部位的1#监测点和2#监测点记录到的3次地震共6条监测数据,对其进行振幅、持时、频谱及频比等分析,对"半岛状"山脊不同部位的地形放大效应的基本认识如下:

1)高程较高的1#监测点各个方向的峰值加速度较2#监测点大。以姑咱强震台为参考点,1#监测点的水平向放大系数为5.7~11.5,竖直向放大系数为3.4~8.7;2#监测点的水平向放大系数为1.5~5.0,竖直向放大系数为1.5~2.8;随着高程的增加,监测点各个方向的峰值加速度呈上凸形非线性增加。引入均方根加速度后,1#监测点和2#监测点相应值随着高程增加呈现出增加的趋势,与峰值加速度的变化趋势是一致的,但变化趋势出现了一定的变化。各个监测点在同次地震中持时相差不大。

2)对两个监测点进行加速度反应谱分析,随着阻尼比的增大,其各个方向的加速度响应幅值逐渐减小,当阻尼比为0.05时加速度幅值最大。对比1#监测点和2#监测点的加速度反应谱,可以看出较高高程的1#监测点各个方向幅值在同一阻尼比下比2#监测点大,倍数在2.9~6.2,说明1#监测点的地震动力响应都较2#监测点强。FFT表明,各监测点水平向呈现出"细窄型"特征,竖直向呈现出典型的"矮胖型"特征,其频率分布段都集中在2~6Hz。

3)对监测点进行传统谱比分析表明,1#监测点卓越频率集中在2~4Hz,EW向放大系数峰值最大达到了11.2;而2#监测点存在多个卓越频率,集中在1.5~3.5Hz,在康定两次地震中出现了多个卓越频率,分别为1~2Hz、8~9Hz和15~17Hz,放大系数也达到了6左右。阿里亚斯能量分布极点图和谱比极点图表明,"半岛状"山脊地形放大效应存在明显的方向性,垂直于山脊走向方向振动最为强烈。

6.2 不同介质放大效应

6.2.1 不同波阻抗比岩体介质斜坡地震动响应特征

应力波在穿过不同地质体的地质分界面时,由于分界面两侧介质特性的差异,介质界面附近出现复杂的应力分异效应。当两侧特征阻抗差别越大时,即值越大时,应力分异效应越强烈。因此,为了验证不同特征阻抗对斜坡稳定性的影响,运用不连续变形分析(discontinuous deformation analysis, DDA)软件对不同特征阻抗地层进行数值模拟分析。DDA 是基于不连续性块体介质发展出来的一种新的数值模拟方法,该方法可模拟块体平动、转动及变形等,因此该方法可模拟倾倒、崩塌等多种破坏类型的边坡失稳。DDA 自提出后,基于其"完全的运动学理论及其数值实现、完美的一阶位移近似、严格的运动平衡、正确的能量消耗、高的计算效率",受到了国内外学者的广泛关注,尤其在边坡工程的运用中发展较快(陈祖安,2009)。

1. 模型建立

利用 DDA 建立模型,分析不同波阻抗比介质对应力波传播的影响规律,模型底部边长 300m,顶部边长 150m,左侧边界高 200m,右侧边界高 100m,坡度为 45°的线性坡,设置两组相互垂直的节理,节理倾角分别为 62°及 152°,如图 6.1 所示。数值模型拟定软硬双层介质,模型介质的参数取值参考室内相应的硬质(如白云岩)及软质(如板岩)岩体试验参数,设定模型下部介质性质不变,其弹性模量为 17.394×10^3MPa,泊松比为 0.13,密度为 2120kg/m³;模型上部介质泊松比为 0.21,密度为 2020kg/m³,弹性模量取值如表 6.1 所示。

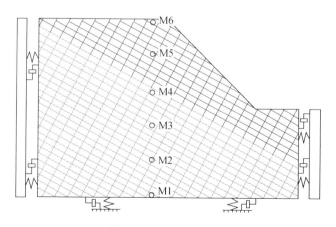

图 6.1 DDA 本构模型

表 6.1　不同波阻抗比条件下弹性模量取值

模型"下软上硬"介质					
波阻抗比 n	0.2	0.4	0.6	0.8	1.0
弹性模量 E/GPa	447.413	89.483	49.713	27.963	17.897
模型"下硬上软"介质					
波阻抗比 n	1.5	2.0	2.5	3.0	—
弹性模量 E/GPa	7.954	4.474	2.863	2.028	—

在模型水平距离 130m 处，高差每间隔 40m 设置一个监测点，用于检测模型中应力的变化状态。其中，M1～M4 监测点设置于白云岩内，M5 监测点和 M6 监测点设置于板岩内，M4 监测点和 M5 监测点分别设置于介质分界面下端和上端。模型两侧及底部边界采用黏滞边界条件，在底部依然输入汶川地震卧龙台所获取的地震波（图 6.2）。

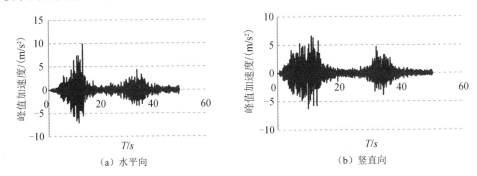

（a）水平向　　　　　　　　　　（b）竖直向

图 6.2　汶川卧龙地震波

2. 不同波阻抗比界面应力响应特征分析

通过 DDA 分析并对计算结果进行后期处理，波阻抗比 $n \leqslant 1.0$ 时各监测点的最大主应力变化特征曲线如图 6.3 所示。

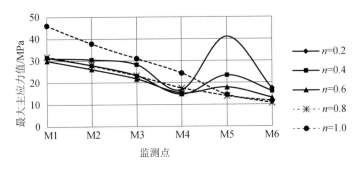

图 6.3　波阻抗比 $n \leqslant 1.0$ 时各监测点的最大主应力变化特征曲线

当介质波阻抗比 $n \leqslant 1.0$，即模型上部介质的弹性模量大于下部介质时，其数值模拟分析表明动应力值随高程增加总体上趋于减小，但是在介质界面两侧监测点呈现明显的动应力突变效应，且随着波阻抗比越小，动应力突变效应越显著（图 6.3）。通过对 M4 监测点与 M5 监测点最大主应力进行对比分析显示（表 6.2），当波阻抗比 $n \leqslant 0.6$ 时，介质界面附近"软介质"一侧的 M4 监测点最大动应力以衰减为主；当波阻抗比 $0.6 < n \leqslant 1.0$ 时，M4 监测点的最大动应力趋于增加，相对于 M5 监测点的放大系数为 1.21～1.69 倍，且监测点附近的向上动应力绝对值小于向下方向的动应力。以上表明，当波阻抗比 $n \leqslant 0.6$ 时，介质界面对应力波作用以透射应力为主，反射应力为辅；而当 $n > 0.6$ 时，介质界面对应力波作用开始以反射作用为主，透射作用为辅。

表 6.2　波阻抗比 $n \leqslant 1.0$ 时 M4 监测点与 M5 监测点最大主应力特征

波阻抗比 n	最大动应力/MPa		放大系数（M4/M5）
	M4	M5	
0.2	16.77	41.05	0.41
	−14.94	−33.33	0.45
0.4	14.72	23.39	0.63
	−14.55	−21.51	0.68
0.6	15.32	17.89	0.86
	−20.45	−22.77	0.90
0.8	17.44	13.90	1.25
	−18.58	−15.34	1.21
1.0	24.38	14.46	1.69
	−27.12	−16.06	1.69

注：负值表示应力方向向下，正值表示方向向上，下同。

当介质波阻抗比 $n > 1.0$，即模型上部介质的弹性模量小于下部介质时，其数值模拟分析表明，最大主应力在下部介质内随高程增加趋于线性衰减，而在通过介质界面进入其他介质内时产生陡降衰减效应（图 6.4），由此说明在介质界面处的反射应力波作用强于透射应力波。与此同时，对比分析显示，动应力并不随着波阻抗比 n 的增大而增大，而是当波阻抗比 $n = 2.0$ 时，反射的动应力达到最大，而后呈现减小趋势（表 6.3）。

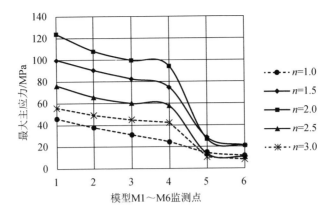

图 6.4 波阻抗比 $n>1.0$ 时各监测点最大主应力变化特征

表 6.3 波阻抗比 $n>1.0$ 时 M4 监测点与 M5 监测点最大主应力特征

波阻抗比 n	最大动应力/MPa		放大系数（M4/M5）
	M4	M5	
1.5	74.74	28.26	2.64
	−63.31	−23.28	2.72
2.0	94.24	26.91	3.50
	−83.50	−22.58	3.70
2.5	57.62	13.38	4.31
	−58.53	−13.39	4.37
3.0	42.35	10.33	4.10
	−37.26	−10.40	3.58

当介质波阻抗比 $n>1.0$ 时，对 M4 监测点与 M5 监测点动应力放大系数进行分析显示，相对 M5 监测点，M4 监测点的动应力一般放大 2.64~4.37 倍；且当波阻抗比 $n=2.0$ 时，M4 监测点的动应力达到最大，介质界面的反射应力波作用最为强烈。

综上，对多层介质组成的地质结构中传播的研究表明：

1）应力波在不同波阻抗比岩体介质界面形成明显的应力分异效应，而应力分异效应的方式和强弱程度取决于波阻抗比 n，当 $n\leqslant 1.0$ 时，应力波从"软介质"进入"硬介质"，且当介质界面的波阻抗比 $n\leqslant 0.6$ 时，应力波在介质界面附近的应力无放大效应；而当波阻抗比 $0.6<n\leqslant 1.0$ 时，应力波在介质界面的应力放大系数为 1.25~1.69。

2）当波阻抗比 $n>1$ 时，应力波从"硬介质"进入"软介质"，应力波随着介质波阻抗比增大而在介质界面产生强烈的动应力放大效应，但不随波阻抗比 n 越大界面处的应力值越大。当波阻抗比 $n=2.0$ 时，汶川地震波作用下界面处的正向动应力可达到94.24MPa，界面处的动应力值达到最大值；而随着波阻抗比 n 增大，"软介质"内的动应力逐渐衰减，对比显示介质界面处的应力放大系数一般在2.64~4.37。由此表明，介质界面处应力波的反射、折射效应导致界面的应力突增是斜坡破坏的主要控制因素之一。

6.2.2 不同介质覆盖层斜坡放大效应

1. 含节理覆盖层放大效应

当坡体中有节理出现分界面时，地震波传播经过节理面会出现反射及透射，从而影响边坡的动力响应特征。目前针对节理面引起地震波变化的监测数据较少，大多采用数值模拟方法进行分析。定义节理面两侧透射波与入射波的峰值加速度的比值为地震波经过节理面的透射系数，即 $\alpha = \dfrac{T'}{T}$，α 为透射系数，T' 为地震波穿过节理面后的透射波峰值加速度，T 为入射波峰值加速度。

赵坚等（2003）提出了节理间距会影响地震波的传播，采用 DDA 建立概化模型分析节理间距及岩性刚度对地震波传播规律的影响，模型长200m，宽100m，如图6.5所示。模型材料弹性模量为 5.4×10^3MPa，泊松比为0.21，密度为2600kg/m³，不计重力。模型中设置两条真实节理，并在底部和顶部设置测点以监测入射波和透射波的变化，设置虚节理细分模型（单元块体尺寸为 5m×5m），虚节理参数设置较大以保证块体的连续性，模型两侧及底部边界依然采用黏滞边界条件，在底部输入周期为0.2s的正弦波。

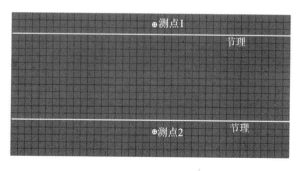

图6.5 节理面分析模型

Schoenberg 等（1980）根据弹性理论也推导出了弹性波垂直入射单个节理面的透射系数，即

$$\alpha = \left[\dfrac{4\left(\dfrac{k_n}{Z\omega}\right)^2}{1+4\left(\dfrac{k_n}{Z\omega}\right)^2}\right]^{\frac{1}{2}} = \left[\dfrac{4K_n^2}{1+4K_n^2}\right]^{\frac{1}{2}} \tag{6.1}$$

式中，k_n 为节理两侧岩石的弹性模量；Z 为波阻抗，即岩体密度与入射波波速的乘积；ω 为入射波的圆频率；K_n 为岩石的标准弹性模量，$K_n = k_n/(Z\omega)$。

在图 6.5 中先设置一条真实节理，通过改变模型的弹性模量，计算不同弹性模量下节理面的透射系数，并将其与理论公式[式（6.1）]计算值比较，以验证 DDA 模拟节理对地震波传播的影响是否合理。表 6.4 所示为透射系数 DDA 模拟值与理论计算值对比。

表 6.4 透射系数 DDA 模拟值与理论计算值对比

弹性模量 k_n/MPa	透射系数		误差/%
	DDA 模拟值	理论计算值	
5.4×10^3	0.724	0.758	4.49
8×10^3	0.735	0.761	3.42
12×10^3	0.812	0.831	2.29
16×10^3	0.883	0.897	1.56
18×10^3	0.892	0.904	1.33
22×10^3	0.913	0.925	1.30

从表 6.4 中可以看出，DDA 模拟值与理论计算值误差较小，最大误差为 4.49%，因此，采用 DDA 模拟节理面对地震波传播的影响是合理的。通过计算不同弹性模量下的透射系数可以发现，随着岩性弹模增大，地震波的透射系数增加，即越硬的岩体节理面对地震波的反射作用越弱，透射作用越强。因此，在硬岩边坡中，节理面对边坡的动力响应特征影响较小。

改变图 6.5 中两条节理间的间距，模拟节理间距对透射系数的影响，其结果如图 6.6 所示。从图 6.6 中可以看出，当节理间距小于 35m 时，随节理间距的增加透射系数增大；当节理间距超过 35m 时，透射系数随节理间距呈现递减趋势；当节理间距超过 60m 时，随节理间距增大透射系数基本不再变化。根据 Schoenberg 等（1980）的研究，节理间距对透射系数的影响与入射波的波长也有关系，利用公式及入射波特征周期算出入射波长为 305.8m。当节理间距与波长比 ε 为 0.11 时，透射系数达到临界值；当节理间距与波长比 ε 为 0.20 时，透射系数达到阈值。也就是说，当节理间距与波长比 ε 小于 0.11 时，透射系数与 ε 近似正相关；当 ε 大于 0.11 小于 0.20 时，透射系数与 ε 呈递减趋势；ε 达到阈值后，透射系数基本不再变化。因此，当节理间距与波长比较小时，地震波的透射系数较小，对边坡动力响应特征影响较大；当 ε 达到临界值时，透射系数最大，对边坡动力响应特征影响最小。

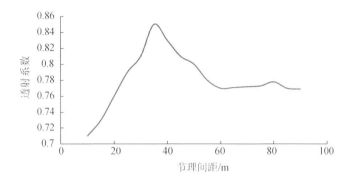

图 6.6 透射系数与节理间距的关系

2. 含软弱夹层深厚覆盖层放大效应

当坡体中出现软弱夹层时,岩体整体性受到破坏,出现不同介质分界面,地震波的传播会受到影响。同时,当在斜坡附近出现断层时,断层间的软弱层也会对斜坡的动力特征造成影响。为了简化计算,本节只计算一层软弱夹层的影响。首先采用 DDA 模拟地震波在不同介质分界面上的传播规律,模型如图 6.7 所示。模型长 200m,宽 100m,模型上部岩性的弹性模量为 5.4×10^3MPa,泊松比为 0.21,密度为 2600kg/m^3,不计重力。通过改变分界面以下岩性的弹性模量来计算不同分界面对地震波透射系数的影响,并将 DDA 模拟值与理论计算值比较以验证 DDA 对分界面的模拟是否合理。在模型底部输入周期为 0.2s 的正弦波,模型两侧及底部依然采用黏滞边界条件。

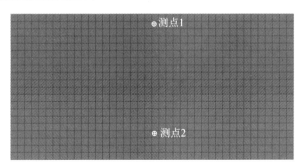

图 6.7 不同介质分界面模型

廖振鹏等(2002)通过对分界面上的应力及位移的连续条件进行分析,推导出了弹性波在分界面上的透射系数和反射系数公式,即

$$a_\mathrm{r} = \frac{1-\varepsilon}{1+\varepsilon} a_\mathrm{i} \tag{6.2}$$

$$a_\mathrm{h} = \frac{2}{1+\varepsilon} a_\mathrm{i} \tag{6.3}$$

式中，ε 为上下介质的波阻抗比；a_i、a_r 和 a_h 分别为入射波、反射波及透射波的峰值加速度。

改变模型中分界面以下岩性的弹性模量，并通过两测点的峰值加速度计算分界面的透射系数，将其与式（6.2）和式（6.3）计算得到的理论透射系数进行比较，结果如表 6.5 所示。

表6.5　分界面透射系数 DDA 模拟值与理论计算值对比

弹性模量 k_n/MPa	透射系数		误差/%
	DDA 模拟值	理论计算值	
20×10^3	0.742	0.758	2.13
15×10^3	0.743	0.769	3.42
10×10^3	0.782	0.816	4.17
5.4×10^3	0.982	1	1.79
3×10^3	1.258	1.271	1.03
2×10^3	1.321	1.403	5.81
0.8×10^3	1.722	1.765	2.45
0.4×10^3	1.853	1.912	3.08

从表 6.5 中可以看出，DDA 模拟值与理论计算值误差较小，因此采用 DDA 对地震波经过分界面透射系数的计算是合理的。当分界面下部岩性较上部岩性硬时，地震波在经过分界面时其峰值加速度会降低，随着两种岩性弹性模量差别增大，地震波峰值加速度降低越明显；分界面以下岩性较上部岩性软时，地震波经过分界面时，其加速度峰值会增大，且随两种岩性弹性模量差增大，地震波峰值加速度增加越明显。

当岩体中存在软弱夹层时，地震波传播会遇到多个分界面。分界面上产生的反射波与入射波会出现干涉现象，从而影响地震波经过软弱夹层时的透射系数，其干涉现象的强弱与软弱夹层的厚度有关。软弱夹层分析模型如图 6.8 所示，模型长 200m，宽 100m，模型岩性的弹性模量为 10×10^3MPa，泊松比为 0.21，密度为 2600kg/m³；软弱夹层的弹性模量为 1×10^2MPa，泊松比为 0.21，密度为 2600kg/m³。模型底部输入周期为 0.2s 的正弦波，两端及底部依然采用黏滞边界条件。改变软弱夹层的厚度，计算不同厚度下的透射系数，模拟计算结果如图 6.9 所示。从图 6.9 可以看出，软弱夹层厚度减小时，透射系数增大明显，这主要与随厚度减小分界面上多重反射效应越来越强有关；当厚度达到 8m 时，透射系数基本不再变化。根据输入波长，可以求出软弱夹层厚度与波长比约达 0.03 时，其透射系数不再随厚度增加而变化。

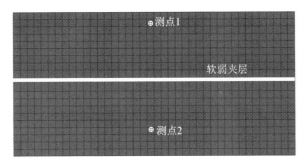

图 6.8 软弱夹层分析模型

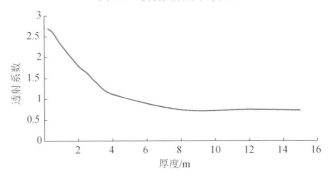

图 6.9 透射系数与软弱夹层厚度的关系

式（6.2）和式（6.3）与上下介质的波阻抗比也有关系，可以利用 DDA，通过改变软弱夹层的弹性模量来模拟不同波阻抗比对软弱夹层透射系数的影响。在图 6.8 中设置软弱夹层的厚度为 3m，改变软弱夹层的弹性模量（改变软弱夹层与周围岩性的波阻抗比），其他参数不变，模拟计算结果如图 6.10 所示。从图 6.10 中可以看出，当波阻抗比小于 0.38 时，随波阻抗比增加，透射系数下降明显；当波阻抗比超过 0.38 时，透射系数随波阻抗比依然呈递减趋势，但下降不再明显。因此，当软弱夹层厚度及其与周围岩体波阻抗比较大时，波经过软弱夹层的透射系数较小，对边坡的动力特征影响较大。

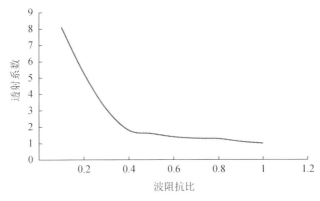

图 6.10 透射系数与波阻抗比的关系

6.3 背坡放大效应

对芦山县仁加监测剖面中地形地貌和岩性基本相同的 3#（728m）监测点和 5#（804m）监测点所监测到的地震数据进行分析。将地震震级相近的 2013.05.05（ML 3.0）与 2013.04.23（ML 3.5）余震分为一组，2013.04.24（ML 3.6）与 2013.04.28（ML 3.6）余震分为另一组进行数据分析。两组地震震中均位于监测点两侧，其中 2013.05.05（ML 3.0）和 2013.04.23（ML 3.5）余震的地震波传播方向与监测点斜坡坡向一致，而 2013.04.23（ML 3.5）和 2013.04.28（ML 3.6）余震的地震波传播方向与监测点斜坡坡向相反。根据震中距、震源深度和震级大小与斜坡地震动响应间的关系，这两组中的后者理应具有更大的峰值加速度和能量值，然而实际监测数据结果却与之相反。事件中前者都处于背坡面，其放大效应均比迎坡面更为显著，表明地震波在背坡效应下会出现异常放大。

6.4 坡体水平不同深度放大规律

前人对坡体内不同深度地震动力响应特征的研究方法主要为振动台试验和数值模拟，取得了较好的研究成果，但对实地的监测做得较少。泸定县冷竹关 6#平硐和 7#平硐内沿水平方向布置了监测点，不同水平深度处的监测仪器成功地记录到了康定 2014.11.25（Ms 5.8）地震数据，以研究坡体不同深度地震动响应特征。各监测点加速度时程曲线如图 6.11 所示。

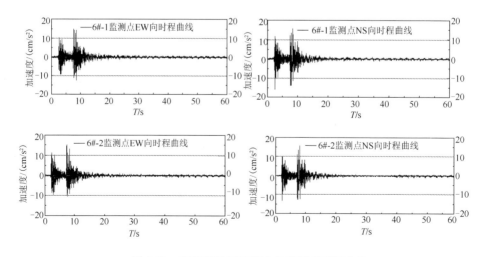

图 6.11 6#平硐和 7#平硐内各监测点时程曲线

第 6 章 斜坡地震动响应规律分析

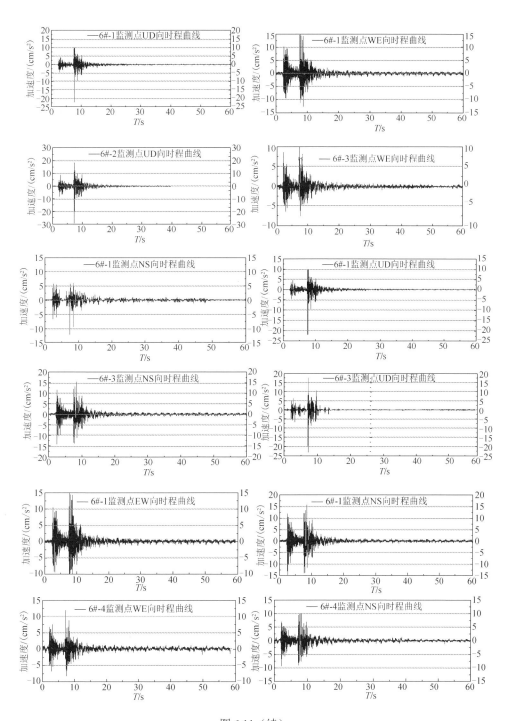

图 6.11（续）

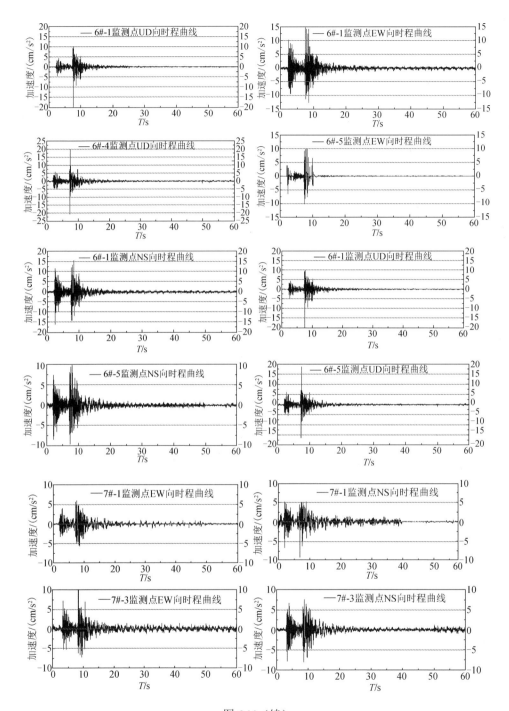

图 6.11（续）

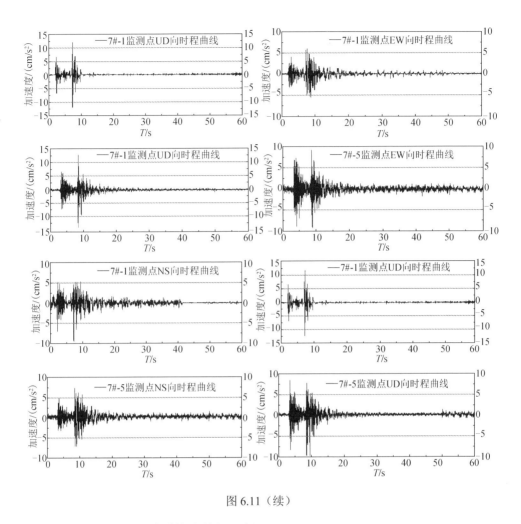

图 6.11（续）

6.4.1 地震动振幅和持时效应特征分析

由图 6.11 可求出各监测点地震动特征参数，如表 6.6 所示。根据 6#平硐内各监测仪器与洞口的水平距离和对应的峰值加速度值，做出坡体表面距坡体内部不同深度内的峰值加速度变化曲线，如图 6.12 所示。而在工程实际中，人们更加关心的是坡体内不同部位与洞口相比的衰减特征，故以洞口 6#-1 监测点的峰值加速度为基准，将洞内各监测点对应峰值加速度与之相比，可得洞内各监测点相对于洞口的比值，如图 6.13 所示。其实峰值加速度变化曲线与比值曲线的形态和变化特征是完全一样的，但后者能较形象地展示其衰减规律。

表 6.6　各监测点地震动特征参数

监测点编号	峰值加速度/(cm/s²)			均方根加速度/(cm/s²)			持时/s		
	EW	NS	UD	EW	NS	UD	EW	NS	UD
6#-1	16.5	16.36	21.15	1.315	1.358	0.976	11.48	12.3	8.695
6#-2	14.67	16.33	29.09	1.518	1.573	1.760	10.355	10.190	8.710
6#-3	11.11	12.13	23.37	0.663	0.752	1.142	*	*	*
6#-4	10.24	10.68	23.28	1.009	1.125	1.245	9.835	16.180	9.835
6#-5	10.25	10.09	20.78	0.948	1.069	1.145	11.175	14.410	10.11

注：表中*表示计算数据出现异常。

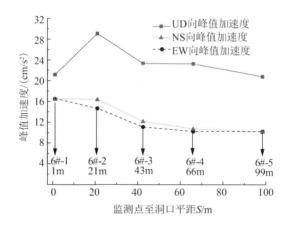

图 6.12　各监测点峰值加速度曲线

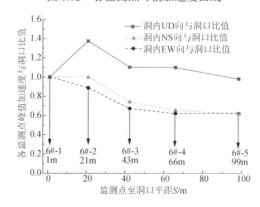

图 6.13　各监测点峰值加速度比值曲线

可以看出，自坡体向内各监测点的水平向峰值加速度是逐渐减小的，且在坡体 40m 内减小的幅度较大，随着距离的增加其衰减幅度减小。最靠内的 6#-5 监测点水平 EW 向和 NS 向峰值加速度分别为 10.25cm/s² 和 10.09cm/s²，分别为洞口

6#-1 监测点的 0.62 倍和 0.617 倍。各监测点 UD 向峰值加速度的变化特征和水平向相差较大，特别是 6#-1 监测点的竖直向峰值加速度是 5 个监测点中的最小值，从洞口至坡体内出现先增大再减小的变化规律，从 6#-2 监测点开始出现衰减，其衰减幅度较水平向大，当水平距离大于 40m 后，其衰减幅度也减小，趋于平缓。

为了更加深入地研究坡体内不同深度地震动响应特征，选取 EW 向、NS 向及水平向均值值比曲线进行线性和非线性拟合，对应关系式分别为式（6.4）和式（6.5），拟合的参数如表 6.7 所示。表 6.7 中还给出了拟合的决定系数 R^2 和残差平方和 RSS，R^2 越接近 1，RSS 越小，表示其拟合的效果越好。为了更好地解释其变化规律，选取两个水平向的均值曲线作为分析对象，拟合衰减曲线如图 6.14 所示。

$$y_0 = a_0 x + b_0 \quad (6.4)$$

$$y_1 = a_1 + b_1 e^{-\frac{x}{c_1}} \quad (6.5)$$

式中，x 为洞内至洞口的水平距离；y_0 和 y_1 分别为线性拟合和非线性拟合对应于距离为 x 的峰值加速度与洞口的值比；a_0、b_0 为线性拟合参数；a_1、b_1、c_1 为非线性拟合参数。

表 6.7 峰值加速度值比拟合参数

分量	线性拟合（$y_0 = a_0 x + b_0$）				非线性拟合（$y_1 = a_1 + b_1 e^{-\frac{x}{c_1}}$）				
	a_0	b_0	R^2	RSS	a_1	b_1	c_1	R^2	RSS
EW	−0.00482	1	0.9885	0.02773	0.5579	0.471	38.836	0.8925	0.00648
NS	−0.00440	1	0.9929	0.01908	0.3632	0.682	89.679	0.7866	0.00736
水平向均值	−0.00461	1	0.9923	0.07975	0.4996	0.536	56.451	0.8466	0.00973

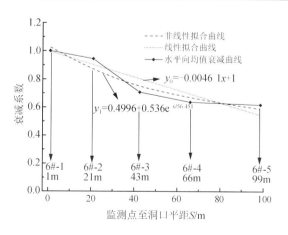

图 6.14 拟合衰减曲线

拟合衰减曲线表明,在1~100m范围内线性拟合的决定系数R^2更加接近于1,但其残差平方和RSS却较非线性的大,计算得非线性拟合各值与实际监测值更为接近,因此在1~100m范围内非线性拟合较线性拟合合理。将7#平硐内7#-3监测点和7#-5监测点的平距分别代入两个公式,求其衰减系数,并将7#-3监测点和7#-5监测点衰减系数作比值得线性拟合为71.77%,非线性拟合为92.88%,据实测数据求得比值为86.9%,可知非线性拟合结果偏大,线性拟合结果偏小,但非线性拟合结果误差较小,从实测数据上也证实了在1~100m范围内非线性拟合的合理性。由拟合方程知,随着自坡面向内水平距离的增加,线性拟合公式在平距S为216m左右时衰减系数趋近于0(与实际不符),而非线性拟合趋近于其极限值0.4996。

由表6.6可知,自坡面向内各监测点的水平向均方根加速度幅值离散性较大,未表现出自坡面向内衰减的特性,但整体上坡表的值较内部的值大;而UD向均方根加速度变化离散性更大,较内侧的监测点仍较外侧大,而且洞口的6#-1监测点取得最小值。地震动持时除6#-3监测点出现异常外,其余各个监测点水平向持时较UD向持时长,不同监测点持时也相差不大。

6.4.2 频谱特征分析

根据前文所述,对6#平硐内不同监测点的加速度时程曲线进行傅里叶变换,得出各个监测点的FFT,如图6.15所示,以研究自坡面向内各监测点的频谱特性。

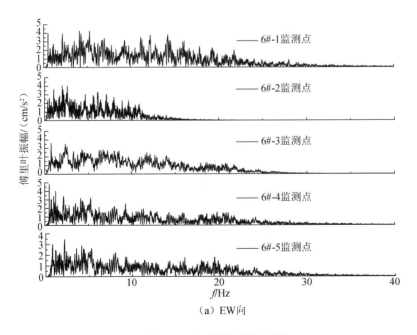

(a) EW向

图6.15 各监测点傅里叶谱

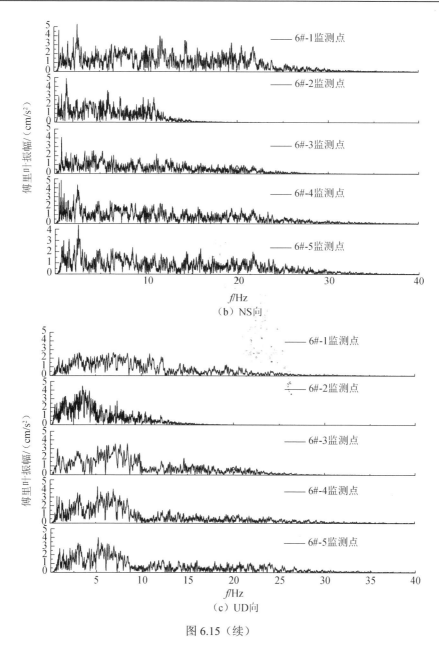

图 6.15（续）

由图 6.15 可以得到，水平 EW 向和 NS 向 FFT 形状较为一致，6#-2 监测点频谱分布范围较其余监测点窄，主要集中在 10Hz 内，而其余监测点都在 20Hz 内或更大。总体上自坡面向内各监测点 FFT 幅值呈现出逐渐减小的趋势，虽然 6#-4 监测点幅值出现了一定程度的增加，但总体趋势是减小的；且 FFT 幅值在坡体表层的下降幅度较大，在内部下降较小。洞口 6#-1 监测点的 FFT 频谱成分复杂，高频段成分较多，各频段的幅值也较其余监测点大且变化大，这与体波在坡体表面激发面波而形成的复杂地震波场有关。各监测点的 FFT 卓越频率表现不是很明显，有的甚至出现多个卓越频率，但都集中在 5～15Hz 频段，这也说明在同一高程距坡面不同深度（135m 内）各段对地震波的滤波作用基本相同，对地震波的放大频段基本一致。UD 向 6#-2 监测点频谱分布范围也较其余监测点窄，在大于 12Hz 范围内基本无能量分布，且各监测点幅值也和水平向变化特征不一致，具体表现为：6#-1 监测点 FFT 幅值最小，但其频谱分布范围最广；6#-3～6#-5 3 个监测点幅值呈现出逐渐减小的趋势，其 FFT 形状也相差不大，卓越周期段也分布较一致，可以看出，当距坡表水平距离达到一定值（本节大于 43m）时，UD 向对地震波的滤波作用基本相同，对各频段的放大效应基本一致。

按照前述内容求出 6#平硐内各监测点水平向和 UD 向加速度时程曲线在阻尼比为 5%下的反应谱和标准反应谱，如图 6.16 所示。总体上看，自坡面向内随着水平距离的加大，各监测点水平 EW 向和 NS 向加速度反应谱幅值逐渐减小，即在相同的阻尼比下越靠近洞口加速度幅值越大，且加速度反应谱在表层随深度的下降幅度较大，在内部的变化较小。各监测点的反应谱和标准反应谱形状相差不大。6#-1 监测点形状较其余监测点变化大，曲线形态也没有其他监测点光滑，这可能与体波在坡体表面激发面波而形成的复杂地震波场有关。对比各监测点标准化加速度反应谱，6#-1 监测点的反应谱形状变化也较大，各监测点的动力放大系数 β 均在 3.5 以下，但越靠近坡面其动力放大系数越大的特征表现不明显。各监测点特征周期基本集中在 0.1～0.4s，说明其能量主要集中在高频部分。当特征周期大于 0.5s 时，各监测点反应谱基本随深度下降，但随着周期增大（>1.5s）各反应谱逐渐接近。而各监测点 UD 向加速度反应谱表现出和水平向不同的特征：6#-1 监测点反应谱呈现出"矮而宽"的特性，其余 4 个监测点为"高而瘦"的特性，其加速度幅值只比 6#-5 监测点大，比其余监测点小；6#-2～6#-5 监测点形状相差不大，且自坡面向内表现出逐渐减小的特征，其特征周期段也表现一致，主要在 0.2～0.3s。各监测点 UD 向加速度标准反应谱和反应谱表现出相同的特征，但其动力放大系数幅值较水平向大。

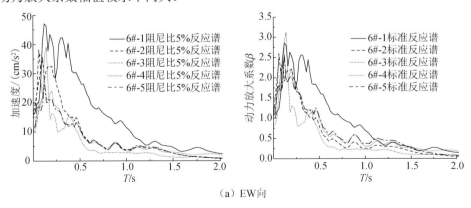

（a）EW向

图 6.16 各监测点加速度反应谱

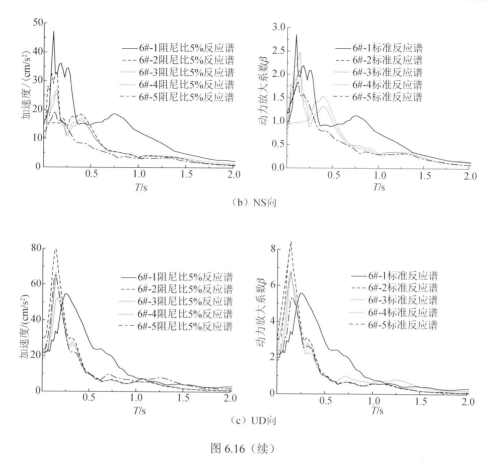

图 6.16（续）

6.4.3 地震动谱比分析

对 6#平硐内各监测点的 FFT 进行平均和圆滑，采用传统谱比法（HVSR）分析各监测点水平分量（EW 向和 NS 向）与 UD 向的谱比响应曲线，如图 6.17 所示。由图 6.17 可以得到，6#平硐内每个监测点水平两个方向的 HVSR 曲线形状相差不大，都在相同的频段取得峰值，但每个监测点的卓越频率和放大系数有较大差异。其中，6#-1 监测点卓越频率都集中在 11～14Hz，EW 向和 NS 向放大系数分别为 2.22 和 2.01，表现为 EW 向>NS 向；6#-2 监测点卓越频率都集中在 12～14Hz，EW 向和 NS 向放大系数分别为 2.0 和 2.2，表现为 EW 向<NS 向；6#-3 监测点卓越频率都集中在 10～12Hz，NS 向的放大系数在 1.7 左右，而 EW 向出现了不同程度的衰减；6#-4 监测点卓越频率都集中在 13～15Hz，EW 向和 NS 向放大系数分别为 2.1 和 2.7，表现为 EW 向<NS 向；6#-5 监测点卓越频率都集中在 10Hz 左右，EW 向和 NS 向放大系数分别为 2.7 和 3.1，表现为 EW 向<NS 向。

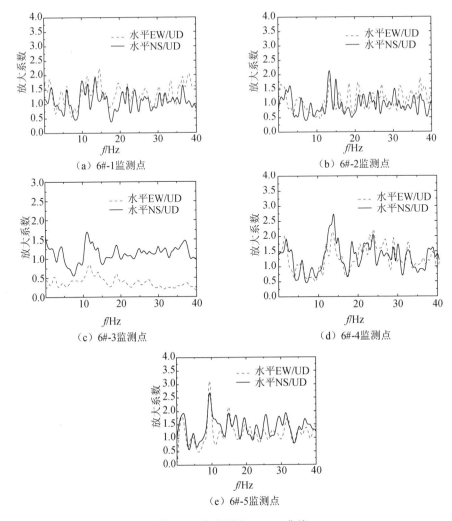

图 6.17　各监测点 HVSR 曲线

为了深入研究其方向特征,作出了 6#平硐内各监测点的谱比极点图,同时给出各监测点的阿里亚斯强度极点图以示对比,如图 6.18 所示。由图 6.18 可知,6#-1 监测点在 10Hz 左右存在明显的放大效应,放大系数在 2~3,但其方向性不明显,谱比极点图和阿里亚斯强度极点图都体现了其在北北东向略有放大;6#-2 监测点在 11~12Hz 存在明显的放大效应,放大系数也在 2~3,且存在明显的方向效应,谱比极点图和阿里亚斯强度极点图都表明其在北东向放大显著;6#-3 监测点在 12~13Hz 存在明显的放大效应,放大系数在 2~3,谱比极点图和阿里亚斯强度极点图都体现了其在北西向放大效应明显;6#-4 监测点在 13~15Hz 存在明显的放大效应,放大系数在 2~3,谱比极点图和阿里亚斯强度极点图都体现了其在北北东向放大效应显著;6#-5 监测点在 9~10Hz 存在明显的放大效应,放大系数在

2~3，谱比极点图和阿里亚斯强度极点图都表明在北北东向放大显著。因此，从各个监测点可以得出坡体不同深度内，对地震波放大的方向较为一致（6#-3 监测点例外），且放大的频段和放大系数也较为统一。

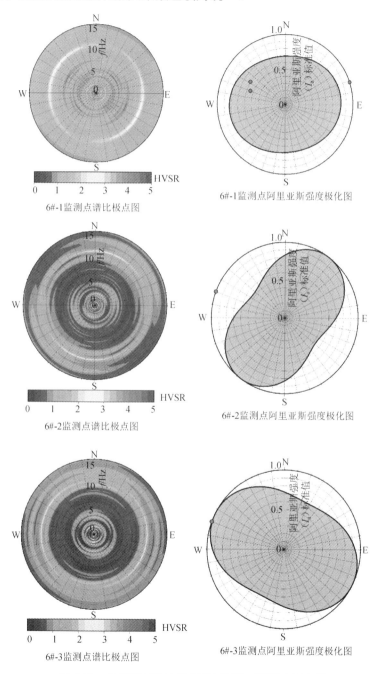

图6.18 各监测点谱比极点图和阿里亚斯强度极点图

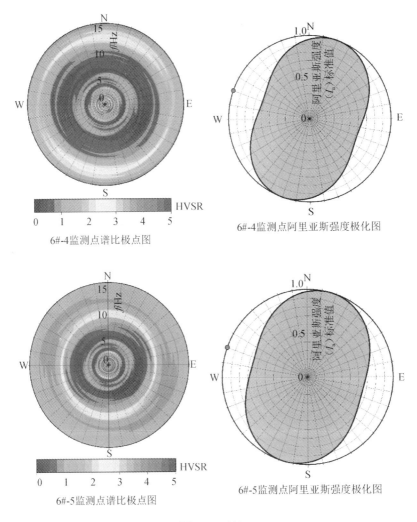

图 6.18（续）

6.5 小　　结

综上所述，可以得出以下结论：①单薄山脊的峰值加速度放大系数可达 4.5 倍。②"丁"字形山体表层岩体的放大系数曲线是呈先增大后减小的上凸形曲线。③半岛状山脊顶部的峰值加速度放大为 2.3～8.7 倍。④应力波在不同波阻抗比岩体介质面形成明显的应力分异效应，而应力分异效应的方式和强弱程度取决于波阻抗比 n，当 $n \leqslant 1.0$ 时，应力波从"软介质"进入"硬介质"，且当介质面的波阻抗比 $n \leqslant 0.6$ 时，应力波在介质面附近的应力无放大效应；当波阻抗比

$0.6 < n \leqslant 1.0$ 时，应力波在介质界面的应力放大系数为 1.25～1.69；当波阻抗比 $n>1$ 时，应力波从"硬介质"进入"软介质"，应力波随着介质波阻抗比增大而在介质界面产生强烈的动应力放大效应，但不随波阻抗比 n 增加而增大。介质界面处的应力放大系数可达 4.37。⑤当节理间距与波长比 ε 较小时，地震波的透射系数较小，对边坡动力响应特征影响较大；当 ε 达到临界值时，透射系数最大，对边坡动力响应特征影响最小。⑥背坡面（坡向与地震传播方向一致）峰值加速度是迎坡面（坡向与地震波传播方向相反）的 1.5～2 倍。⑦在斜坡水平方向上，由斜坡深部到表层地震波会出现一定程度的放大。

第 7 章 结　　语

汶川地震后通过对四川省青川县桅杆梁、东山—狮子梁、泸定县冷竹关、摩岗岭、石棉县县城 4 个长期剖面监测，以及绵竹市九龙剖面、芦山县仁加剖面流动监测，获取了芦山地震主震、康定地震主震、汶川地震余震、芦山地震余震、康定地震余震等 296 组数据，为斜坡表层地震动峰值加速度分析奠定了坚实的基础。该研究主要的进展有斜坡地震动放大系数主要受三大因素制约，即斜坡微地貌、相对高程及介质特征。此外，还受传播方向与斜坡坡向关系、震中距、震级等因素影响，具体结论如下：

1）当坡体介质特性相近时，不同形态斜坡地震动响应有如下规律：

①直线型斜坡中上部地震动峰值加速度放大 1.1～3 倍；②单薄山脊的峰值加速度放大系数可达 4.5 倍；③斜坡转折部位峰值加速度放大 2～3.3 倍；④半岛状山脊顶部的峰值加速度放大 2.3～8.7 倍；⑤孤立山峰顶部峰值加速度放大达 7～8 倍；⑥山坳处峰值加速度会出现一定程度的衰减，约为 0.4～0.9 倍。

2）背坡面（坡向与地震传播方向一致）峰值加速度是迎坡面（坡向与地震波传播方向相反）的 1.5～2 倍。

3）当坡体中、上部存在软弱介质时，介质的阻尼比越大，峰值加速度放大系数越小。青川东川—狮子梁监测剖面 893m 监测点峰值加速度是谷底基岩峰值加速度的 0.4～0.9 倍。

4）震源很近（小于 3km）时斜坡峰值加速度放大垂直分量大于一般水平分量，震源较远（大于 3km）时斜坡峰值加速度放大垂直分量一般小于水平分量。芦山县仁加剖面监测揭示：震中距小于 3km，坡上水平峰值加速度放大系数为 1～2.31，竖直向峰值加速度放大系数为 1.63～1.65；震中距 3～6km，水平向峰值加速度放大系数为 1～2.90，竖直向峰值加速度放大系数为 1～1.58；震中距 6～15km，水平向峰值加速度放大系数为 1～3.45，竖直向峰值加速度放大系数为 1～1.54；震中距 15km 以上，水平向峰值加速度放大系数为 1～2.0，竖直向峰值加速度放大系数为 1～1.13。随着震中距的增加，直线型斜坡放大系数逐渐减小，且水平向放大系数大于竖直向放大系数。由于仁加边坡为工程边坡，其放大系数可以作为一般工程边坡设计时参考。

5）地震波传播与山梁走向垂直时，放大效应明显；当地震波传播方向与山梁走向一致时，放大效应不明显。

6）当覆盖层厚度大于 5m 时，相对于谷底基岩峰值加速度，峰值加速度放大为 1.2~3 倍。绵竹九龙剖面揭示，当覆盖层较厚时，场地三向卓越频率较基岩场地偏低；地震主频率也显示类似趋势，但基岩场地主频率明显高于覆盖层场地。九寨地震监测也验证了这一规律。

值得说明的是，斜坡地震动过程是十分复杂的过程，目前对其认识还仅仅局限于斜坡表层峰值加速度的放大规律，不同地震事件在斜坡表层的峰值加速度放大受控因素多，不可能是定值。因此，对具体斜坡而言，不同方向、不同震中距、不同震源深度、不同震级潜在震源区发生的地震在斜坡中上部的放大系数实测的是一个变化区间，最大值可以作为边坡防震设计时参考。但随斜坡深度的增加，地震波是如何衰减的还有待进一步监测研究。

主要参考文献

安田勇次,土屋智,水山高久,等,2006. 動的振動解析による地震時の加速度応答および斜面変位と地形効果に関する考察[J]. 砂防学会誌,59(4): 3-11.

陈国光,计凤桔,周荣军,2007. 龙门山断裂带晚第四纪活动性分段的初步研究[J]. 地震地质,29(3): 657-673.

陈国兴,刘雪珠,王炳辉,2007. 土动力参数变异性对深软场地地表地震动参数的影响[J]. 防灾减灾工程学报,(1): 1-10.

陈国兴,庄海洋,杜修力,等,2007. 土-地铁隧道动力相互作用的大型振动台试验:试验结果分析[J]. 地震工程与工程振动,(1): 164-170.

陈祖安,林邦慧,白武明,等,2009. 2008年汶川8.0级地震孕震机理研究[J]. 地球物理学报,52(2): 408-417.

成都理工大学、石油地球物理勘探局第五地质调查处,2000. 松潘—利川—邵阳地质地球物理大剖面综合研究报告[R]. 成都:成都理工大学.

范立础,1997. 桥梁抗震[M]. 上海:同济大学出版社.

韩丽芳,2010. 龙池地区地震地质灾害发育规律及成因机制研究[D]. 成都:成都理工大学.

韩子荣,杨书祥,廖先骙,1985. 金川一矿区露天、地下联合开采的爆破震动安全性评定[J]. 矿冶工程,(1): 8-12+24.

贺建先,王运生,罗永红,等,2015. 康定Ms 6.3级地震斜坡地震动响应监测分析[J]. 工程地质学报,(3): 383-393.

胡幸平,俞春泉,陶开,等,2008. 利用P波初动资料求解汶川地震及其强余震震源机制解[J]. 地球物理学报,51(6): 1711-1718.

黄润秋,等,2009. 汶川地震地质灾害研究[M]. 北京:科学出版社.

李志强,袁一凡,李晓丽,等,2008. 对汶川地震宏观震中和极震区的认识[J]. 地震地质,(3): 768-777.

廖振鹏,周正华,张艳红,2002. 波动数值模拟中透射边界的稳定实现[J]. 地球物理学报,(4): 533-545.

刘必灯,周正华,刘培玄,等,2011. SV波入射情况下V型河谷地形对地震动的影响分析[J]. 地震工程与工程振动,(2): 17-24.

刘洪兵,朱晞,1999,地震中地形放大效应的观测和研究进展[J]. 世界地震工程,(03): 20-25.

罗学海,1988. 论地震工程研究[M]. 北京:地质出版社:495-496.

罗永红,2011. 地震作用下复杂斜坡响应规律研究[D]. 成都:成都理工大学.

罗永红,王运生,2013. 汶川地震诱发山地斜坡震动的地形放大效应[J]. 山地学报,31(2): 200-210.

罗永红,王运生,何源,等,2013. "4·20"芦山地震冷竹关地震动响应监测数据分析[J]. 成都理工大学学报(自然科学版),40(3): 232-241.

裴来政,2006. 金堆城露天矿高边坡爆破震动监测与分析[J]. 爆破,(4): 82-85.

乔建平,黄栋,杨宗佶,等,2013. 汶川大地震宏观震中问题的讨论[J]. 灾害学,28(1): 1-5.

吴晓阳,陈龙伟,袁晓铭,等,2017. 场地PGA放大系数与场地特征参数相关性及地震动快速评估方法研究[J]. 地震工程与工程振动,(1): 108-114.

谢礼立,张晓志,1988. 地震动记录持时与工程持时[J]. 地震工程与工程振动,(1): 31-38.

许强,裴向军,黄润秋,等,2009. 汶川地震大型滑坡研究[M]. 北京:科学出版社.

殷跃平,2008. 汶川八级地震地质灾害研究[J]. 工程地质学报,16(4): 433-444.

殷跃平,张永双,等,2013. 汶川地震工程地质及地质灾害[M]. 北京:科学出版社.

张季,梁建文,巴振宁,2016. SH波入射时凸起场地的地形和土层放大效应[J]. 地震工程与工程振动,(2): 56-67.

赵坚,蔡军刚,赵晓豹,等,2003. 弹性纵波在具有非线性法向变形本构关系的节理处的传播特征[J]. 岩石力学与工程学报,(1): 9-17.

赵小麟, 邓起东, 陈社发, 1994. 龙门山逆断裂带中段的构造地貌学研究[J]. 地震地质, 16(4): 422-428.

赵小麟, 邓起东, 陈社发, 等, 1994. 岷山隆起的构造地貌学研究[J]. 地震地质, 15(4): 429-439.

郑韵, 姜立新, 杨天青, 等, 2015. 利用余震能量场进行宏观震中快速判定的研究[J]. 中国地震, 31(4): 698-709.

中国建筑科学研究院, 2016. 建筑抗震设计规范: GB 50011—2010(2016)[S]. 北京: 中国建筑工业出版社.

中国水利水电科学研究院, 2011. 水工建筑物强震动安全监测技术规范: SL 486—2011[S]. 北京: 中国水利水电出版社.

周荣军, 陈国星, 李勇, 等, 2005. 四川西部理塘—巴塘地区的活动断裂与1989年巴塘6.7级震群发震构造研究[J]. 地震地质, (1): 31-43.

周荣军, 李勇, DENSMORE A L, 等, 2006. 青藏高原东缘活动构造[J]. 矿物岩石, 26(2): 40-51.

周荣军, 蒲晓虹, 何玉林, 等, 2000. 四川岷江断裂带北段的新活动、岷山断块的隆起及其与地震活动的关系[J]. 地震地质, 22(3): 285-294.

朱传统, 刘宏根, 梅锦煜, 1988. 地震波参数沿边坡坡面传播规律公式的选择[J]. 爆破, (2): 30-31.

ANOOSHEHPOOR A, BRUNE J N, 1989. Foam rubber modeling of topographic and dam interaction effects at Pacoima Dam[J]. Bulletin of the Seismological Society of America, 79(05): 1347-1360.

ARIAS, A, 1970. A measure of earthquake intensity in seismic design for nuclear power plants[M]. MIT Press, Cambridge, Mass: 438-483.

ASHFORD S A, SITAR N, 1997. Analysis of topography amplification of inclined shear waves in a steep coastal bluff[J]. Bulletin of the Seismological Society of America, 87(3): 692-700.

ASHFORD S A, SITAR N, LYSMER J, et al, 1997. Topographic effects on the seismic response of steep slopes[J]. Bulletin of the Seismological Society of America, 87(3): 701-709.

BARD P Y, TUCKER B E, 1985. Underground and ridge site effects: a comparison of observation and theory[J]. Bulletin of the Seismological Society of America, 75(4): 905-922.

BARD P Y, 1982. Diffracted waves and displacement field over two-dimensional elevated topographies [J]. Geophysical Journal of the Royal Astronomical Society, 71(3): 731-760.

BOORE D M, 1972. A note on the effect of simple topography on seismic SH waves[J]. Bulletin of the Seismological Society of America, 62: 275-284.

BOUCHON M, 1973, Effect of topography on surface motion[J]. Bulletin of the Seismological Society of America, 63(2): 615-632.

CELEBI M, 1987. Topographical and geological amplifications determined from strong-motion and aftershock records of the 3 March 1985 Chile earthquake[J]. Bulletin of the Seismological Society of America, 77(4): 1147-1167.

DAVIS L L, WEST L R, 1973. Observed effects of topography on ground motion[J]. Bulletin of the Seismological Society of America, 63(1): 283-298.

DEL GAUDIO V, WASOWSKI J, 2007. Directivity of slope dynamic response to seismic shaking[J]. Geophysical Research Letters, 34(12): 83-84.

DEL GAUDIO V, WASOWSKI J, 2011. Advances and problems in understanding the seismic response of potentially unstable slopes[J]. Engineering Geology, 122(1): 73-83.

DENG L, HAGLEY E W, WEN J, et al, 1999. Four-wave mixing with matter waves[J]. Nature, (6724): 218-220.

GAUDIO V D, WASOWSKI J, 2007. Directivity of slope dynamic response to seismic shaking [J]. Geophysical Research Letters, 34(12): 107-124.

GAUDIO V D, WASOWSKI J, 2011. Advances and problems in understanding the seismic response of potentially unstable slopes[J]. Engineering Geology, 122(1-2): 73-83.

GELI L, BARD P Y, JULLIEN B, 1988. The effect of topography on earthquake ground motion: a review and new results[J]. Bulletin of the Seismological Society of America, 78(1): 42-63.

GELEBI, BARD P Y, JULLIEN B, 1988. The effect of topography on earthquake ground motion: a review and new results [J]. Bulletin of the Seismological Society of America, 78: 42-63.

HARTZELL S H, CARVER D L, KING K W, 1994, Initial investigation of site and topographic effects at robinwood ridge, California[J]. Bulletin of the Seismological Society of America, 84(05): 1336-1349.

JOYNER W B, BOORE D M, PORCELLA R L, 1981. Peak horizontal acceleration and velocity from strong motion records including records from the 1979 Imperial Valley, California, earthquake[J]. Bulletin of the Seismological Society of America, 71: 2011-2038.

KAWASE H, 1988. Time-domain response of a semi-circular canyon for incident SV, P and Rayleigh waves calculated by the discrete wavenumber boundary element method[J]. Bulletin of the Seismological Society of America, 78(4): 1415-1437.

KAWASE H, AKI K, 1990. Topography effect at the critical SV-waves incidence: Possible explanation of damage pattern by the Whittier Narrow, California, earthquake of 1 October 1987[J]. Bulletin of the Seismological Society of America, 80: 1-22.

LERMO J, FRANCICSO J, GARCÍA C, 1993. Site effect evaluation using spectral ratios with only one station[J]. Bulletin of the Seismological Society of America, 83(5): 1574-1594.

NOGOSHI M, IGARASHI T, 1970. On the propagation characteristics estimation of subsurface using microtremors on the ground surface[J]. Bulletin of the Seismological Society of Ameerica. 23: 264-280.

NAKAMURA Y, 1989. A method for dynamic characteristics estimation of subsurface using microtremor on the ground surface[J]. Railway Technical Research Institute Quarterly Reports, 30(1): 25-33.

PEDERSEN H A, SANCHEZ-SESMA F J, CAMPILLO M, 1994. Three-dimensional scattering by two-dimensional topographies[J]. Bulletin of the Seismological Society of America, 84(4): 1169-1183.

PEDERSEN H, LE BRUN B, HATZFELD D, et al, 1994. Ground motion amplitude across ridges[J]. Bulletin of the Seismological Society of America, 84(6): 1786-1800.

PENG W F, WANG C L, CHEN S T, 2009. Incorporating the effects of topographic amplification and sliding areas in the modeling of earthquake-induced landslide hazards, using the cumulative displacement method[J]. Computers & Geosciences, 35(5): 946-966.

ROGERS A M, BORCHERDT R D, COVINGTON P A, et al, 1984. A Comparative ground response study near Los Angeles using recordings of Nevada nuclear texts and the 1971 San Fernando earthquake[J]. Bulletin of the Seismological Society of America, 74: 1925-1949.

SÁNCHEZ-SESMA F J, HERRERA I, AVILÉS J, 1982. A boundary method for elastic waves diffraction: application to scattering SH waves by surface irregularities[J]. Bulletin of the Seismological Society of America, 72: 473-490.

SÁNCHEZ-SESMA F J, BRAVO M A, HERRERA I, 1985. Surface motion of topographic irregularities for incident P, SV, and Rayleigh waves[J]. Bulletin of the Seismological Society of America, 75(1): 263-269.

SÁNCHEZ-SESMA F J, CAMPILLO M, 1991. Diffraction of P, V, and Rayleigh waves by topographic features: A boundary Integral Formulation[J]. Bulletin of the Seismological Society of America, 8l: 2234-2253.

SÁNCHEZ S, MICHEL C, 1993. Topographic effects for incident P, SV and Rayleigh waves[J]. Tectonophysics, 218(1-3): 113-125.

SHIH D C F, WU Y M, CHANG C H, 2013. Significant coherence for groundwater and Rayleigh waves: Evidence in spectral response of groundwater level in Taiwan using 2011 Tohoku earthquake, Japan[J]. Journal of Hydrology, 486: 57-70.

SPUDICH P, HELLWEG M, LEE W H K, 1996. Directional topographic site response at Tarzana observed in aftershocks of the 1994 Northridge, California, earthquake: implications for main shock motions[J]. Bulletin of the Seismological Society of America, 86(1): S193-S208.

THOMAS C. HANKS, 1978. Characterization of high-frequency strong ground motion [J]. Tectonophysics, 49(3-4): 263.

WASOWSKI J, KEEFER D K, LEE C T, 2011. Toward the next generation of research on earthquake-induced landslides: current issues and future challenges[J]. Engineering Geology, 122 (1-2): 1-8.